全国一级建造师执业资格考试历年真题+冲刺试卷

# 建筑工程管理与实务
# 历年真题+冲刺试卷

全国一级建造师执业资格考试历年真题+冲刺试卷编写委员会　编写

中国建筑工业出版社

图书在版编目（CIP）数据

建筑工程管理与实务历年真题+冲刺试卷 / 全国一级建造师执业资格考试历年真题+冲刺试卷编写委员会编写. -- 北京：中国建筑工业出版社，2024.12. --（全国一级建造师执业资格考试历年真题+冲刺试卷）. -- ISBN 978-7-112-30712-8

Ⅰ．TU71-44

中国国家版本馆CIP数据核字第2024FE8426号

责任编辑：冯江晓
责任校对：赵 力

全国一级建造师执业资格考试历年真题+冲刺试卷
**建筑工程管理与实务**
**历年真题+冲刺试卷**
全国一级建造师执业资格考试历年真题+冲刺试卷编写委员会 编写

\*

中国建筑工业出版社出版、发行（北京海淀三里河路9号）
各地新华书店、建筑书店经销
北京鸿文瀚海文化传媒有限公司制版
三河市富华印刷包装有限公司印刷

\*

开本：787毫米×1092毫米 1/16 印张：10 字数：239千字
2024年12月第一版 2024年12月第一次印刷
定价：**40.00**元（含增值服务）
ISBN 978-7-112-30712-8
（44014）

**版权所有 翻印必究**
如有内容及印装质量问题，请与本社读者服务中心联系
电话：（010）58337283 QQ：2885381756
（地址：北京海淀三里河路9号中国建筑工业出版社604室 邮政编码：100037）

# 前　言

"全国一级建造师执业资格考试历年真题+冲刺试卷"丛书是严格按照现行全国一级建造师执业资格考试大纲的要求，根据全国一级建造师执业资格考试用书，在全面锁定考纲与教材变化、准确把握考试新动向的基础上编写而成的。

本套丛书分为八个分册，分别是《建设工程经济历年真题+冲刺试卷》《建设工程项目管理历年真题+冲刺试卷》《建设工程法规及相关知识历年真题+冲刺试卷》《建筑工程管理与实务历年真题+冲刺试卷》《机电工程管理与实务历年真题+冲刺试卷》《市政公用工程管理与实务历年真题+冲刺试卷》《公路工程管理与实务历年真题+冲刺试卷》《水利水电工程管理与实务历年真题+冲刺试卷》，每分册中包含五套历年真题及三套考前冲刺试卷。

本套丛书秉承了"探寻考试命题变化轨迹"的理念，对历年考题赋予专业的讲解，全面指导应试者答题方向，悉心点拨应试者的答题技巧，从而有效突破应试者的固态思维。在习题的编排上，体现了"原创与经典"相结合的原则，着力加强"能力型、开放型、应用型和综合型"试题的开发与研究，注重与知识点所关联的考点、题型、方法的再巩固与再提高，并且题目的难易程度和形式尽量贴近真题。另外，各科目均配有一定数量的最新原创题目，以帮助考生把握最新考试动向。

本套丛书可作为考生导学、导练、导考的优秀辅导材料，能使考生举一反三、融会贯通、查漏补缺，为考生最后冲刺助一臂之力。

由于编写时间仓促，书中难免存在疏漏之处，望广大读者不吝赐教。衷心希望广大读者将建议和意见及时反馈给我们，我们将在以后的工作中予以改正。

读者如果对图书中的内容有疑问或问题，可关注微信公众号【建造师应试与执业】，与图书编辑团队直接交流。

建造师应试与执业

# 目　　录

全国一级建造师执业资格考试答题方法及评分说明

2020—2024 年《建筑工程管理与实务》真题分值统计

2024 年度全国一级建造师执业资格考试《建筑工程管理与实务》真题及解析

2023 年度全国一级建造师执业资格考试《建筑工程管理与实务》真题及解析

2022 年度全国一级建造师执业资格考试《建筑工程管理与实务》真题及解析

2021 年度全国一级建造师执业资格考试《建筑工程管理与实务》真题及解析

2020 年度全国一级建造师执业资格考试《建筑工程管理与实务》真题及解析

《建筑工程管理与实务》考前冲刺试卷（一）及解析

《建筑工程管理与实务》考前冲刺试卷（二）及解析

《建筑工程管理与实务》考前冲刺试卷（三）及解析

# 全国一级建造师执业资格考试答题方法及评分说明

全国一级建造师执业资格考试设《建设工程经济》《建设工程项目管理》《建设工程法规及相关知识》三个公共必考科目和《专业工程管理与实务》十个专业选考科目（专业科目包括建筑工程、公路工程、铁路工程、民航机场工程、港口与航道工程、水利水电工程、矿业工程、机电工程、市政公用工程和通信与广电工程）。

《建设工程经济》《建设工程项目管理》《建设工程法规及相关知识》三个科目的考试试题为客观题。《专业工程管理与实务》科目的考试试题包括客观题和主观题。

## 一、客观题答题方法及评分说明

1. 客观题答题方法

客观题题型包括单项选择题和多项选择题。对于单项选择题来说，备选项有4个，选对得分，选错不得分也不扣分，建议考生宁可错选，不可不选。对于多项选择题来说，备选项有5个，在没有把握的情况下，建议考生宁可少选，不可多选。

在答题时，可采取下列方法：

（1）直接法。这是解常规的客观题所采用的方法，就是考生选择认为一定正确的选项。

（2）排除法。如果正确选项不能直接选出，应首先排除明显不全面、不完整或不正确的选项，正确的选项几乎是直接来自于考试用书或者法律法规，其余的干扰选项要靠命题者自己去设计，考生要尽可能多排除一些干扰选项，这样就可以提高选择出正确答案的概率。

（3）比较法。直接把各备选项加以比较，并分析它们之间的不同点，集中考虑正确答案和错误答案关键所在。仔细考虑各个备选项之间的关系。不要盲目选择那些看起来、读起来很有吸引力的错误选项，要去误求正、去伪存真。

（4）推测法。利用上下文推测词义。有些试题要从句子中的结构及语法知识推测入手，配合考生自己平时积累的常识来判断其义，推测出逻辑的条件和结论，以期将正确的选项准确地选出。

2. 客观题评分说明

客观题部分采用机读评卷，必须使用2B铅笔在答题卡上作答，考生在答题时要严格按照要求，在有效区域内作答，超出区域作答无效。每个单项选择题只有1个备选项最符合题意，就是4选1。每个多项选择题有2个或2个以上备选项符合题意，至少有1个错项，就是5选2~4，并且错选本题不得分，少选，所选的每个选项得0.5分。考生在涂卡时应注意答题卡上的选项是横排还是竖排，不要涂错位置。涂卡应清晰、厚实、完整，保持答题卡干净整洁，涂卡时应完整覆盖且不超出涂卡区域。修改答案时要先用橡皮擦将原涂卡处擦干净，再涂新答案，避免在机读评卷时产生干扰。

## 二、主观题答题方法及评分说明

1. 主观题答题方法

主观题题型是实务操作和案例分析题。实务操作和案例分析题是通过背景资料阐述一个项目在实施过程中所开展的相应工作,根据这些具体的工作提出若干小问题。

实务操作和案例分析题的提问方式及作答方法如下:

(1) 补充内容型。一般应按照教材将背景资料中未给出的内容都回答出来。

(2) 判断改错型。首先应在背景资料中找出问题并判断是否正确,然后结合教材、相关规范进行改正。需要注意的是,考生在答题时,有时不能按照工作中的实际做法来回答问题,因为根据实际做法作为答题依据得出的答案和标准答案之间存在很大差距,即使答了很多,得分也很低。

(3) 判断分析型。这类型题不仅要求考生答出分析的结果,还需要通过分析背景资料来找出问题的突破口。需要注意的是,考生在答题时要针对问题作答。

(4) 图表表达型。结合工程图及相关资料表回答图中构造名称、资料表中缺项内容。需要注意的是,关键词表述要准确,避免画蛇添足。

(5) 分析计算型。充分利用相关公式、图表和考点的内容,计算题目要求的数据或结果。最好能写出关键的计算步骤,并注意计算结果是否有保留小数点的要求。

(6) 简单论答型。这类型题主要考查考生记忆能力,一般情节简单、内容覆盖面较小。考生在回答这类型题时要直截了当,有什么答什么,不必展开论述。

(7) 综合分析型。这类型题比较复杂,内容往往涉及不同的知识点,要求回答的问题较多,难度很大,也是考生容易失分的地方。要求考生具有一定的理论水平和实际经验,对教材知识点要熟练掌握。

2. 主观题评分说明

主观题部分评分是采取网上评分的方法来进行,为了防止出现评卷人的评分宽严度差异对不同考生产生影响,每个评卷人员只评一道题的分数。每份试卷的每道题均由2位评卷人员分别独立评分,如果2人的评分结果相同或很相近(这种情况比例很大)就按2人的平均分为准。如果2人的评分差异较大超过4~5分(出现这种情况的概率很小),就由评分专家再独立评分一次,然后用专家所评的分数和与专家评分接近的那个分数的平均分数为准。

主观题部分评分标准一般以准确性、完整性、分析步骤、计算过程、关键问题的判别方法、概念原理的运用等为判别核心。标准一般按要点给分,只要答出要点基本含义一般就会给分,不恰当的错误语句和文字一般不扣分,要点分值最小一般为0.5分。

主观题部分作答时必须使用黑色墨水笔书写作答,不得使用其他颜色的钢笔、铅笔、签字笔和圆珠笔。作答时字迹要工整、版面要清晰。因此书写不能离密封线太近,密封后评卷人不容易看到;书写的字不能太粗太密太乱,最好买支极细笔,字体稍微书写大点、工整点,这样看起来工整、清晰,评卷人也愿意多给分。

主观题部分作答应避免答非所问,因此考生在考试时要答对得分点,答出一个得分点就给分，说的不完全一致，也会给分，多答不会给分的，只会按点给分。不明确用到什么规范的情况就用"强制性条文"或者"有关法规"代替，在回答问题时，只要有可能，就在答题的内容前加上这样一句话："根据有关法规或根据强制性条文"，通常这些是得分点之一。

  主观题部分作答应言简意赅，并多使用背景资料中给出的专业术语。考生在考试时应相信第一感觉，很多考生在涂改答案过程中往往把原来对的改成错的，这种情形很多。在确定完全答对时，就不要展开论述，也不要写多余的话，能用尽量少的文字表达出正确的意思就好，这样评卷人看得舒服，考生也能省时间。如果答题时发现错误，不得使用涂改液等修改，应用笔画个框圈起来，打个"×"即可，然后再找一块干净的地方重新书写。

# 2020—2024年《建筑工程管理与实务》真题分值统计

| 命题点 | | | 题型 | 2020年（分） | 2021年（分） | 2022年（分） | 2023年（分） | 2024年（分） |
|---|---|---|---|---|---|---|---|---|
| 第1篇 建筑工程技术 | 第1章 建筑工程设计技术 | 1.1 建筑物的构成与设计要求 | 单项选择题 | | 1 | 1 | 1 | 5 |
| | | | 多项选择题 | | | | 2 | 2 |
| | | | 实务操作和案例分析题 | | | | | |
| | | 1.2 建筑构造设计的基本要求 | 单项选择题 | | | 2 | 3 | |
| | | | 多项选择题 | 2 | 2 | 2 | 2 | 4 |
| | | | 实务操作和案例分析题 | | | | | |
| | | 1.3 建筑结构体系和设计作用(荷载) | 单项选择题 | 2 | 1 | 2 | 2 | 2 |
| | | | 多项选择题 | | 2 | | | 2 |
| | | | 实务操作和案例分析题 | | | | | |
| | | 1.4 建筑结构设计构造基本要求 | 单项选择题 | | 2 | 1 | 1 | 1 |
| | | | 多项选择题 | | | 2 | 4 | |
| | | | 实务操作和案例分析题 | | | | | |
| | | 1.5 装配式建筑设计基本要求 | 单项选择题 | | 1 | | 1 | 1 |
| | | | 多项选择题 | | | | | |
| | | | 实务操作和案例分析题 | | | | | |
| | 第2章 主要建筑工程材料的性能与应用 | 2.1 结构工程材料 | 单项选择题 | 4 | 2 | 1 | 2 | 1 |
| | | | 多项选择题 | | 2 | | | |
| | | | 实务操作和案例分析题 | | | 8 | | |

续表

| 命题点 | | | 题型 | 2020年(分) | 2021年(分) | 2022年(分) | 2023年(分) | 2024年(分) |
|---|---|---|---|---|---|---|---|---|
| 第1篇 建筑工程技术 | 第2章 主要建筑工程材料的性能与应用 | 2.2 装饰装修工程材料 | 单项选择题 | 2 | 1 |  | 1 | 2 |
| | | | 多项选择题 |  |  | 2 |  |  |
| | | | 实务操作和案例分析题 |  |  |  |  |  |
| | | 2.3 建筑功能材料 | 单项选择题 |  |  | 2 | 1 |  |
| | | | 多项选择题 |  |  | 2 |  |  |
| | | | 实务操作和案例分析题 |  |  | 4 |  |  |
| | 第3章 建筑工程施工技术 | 3.1 施工测量 | 单项选择题 | 1 |  | 1 | 1 | 1 |
| | | | 多项选择题 |  |  |  |  |  |
| | | | 实务操作和案例分析题 |  |  | 6 |  |  |
| | | 3.2 土石方工程施工 | 单项选择题 | 1 | 3 | 1 | 2 |  |
| | | | 多项选择题 |  |  | 4 | 2 |  |
| | | | 实务操作和案例分析题 |  |  |  |  | 4 |
| | | 3.3 地基与基础工程施工 | 单项选择题 |  | 2 | 1 | 1 | 1 |
| | | | 多项选择题 |  | 2 |  |  | 2 |
| | | | 实务操作和案例分析题 | 8 |  | 8 | 3 |  |
| | | 3.4 主体结构工程施工 | 单项选择题 | 2 | 4 | 2 | 2 | 2 |
| | | | 多项选择题 | 2 | 4 |  |  |  |
| | | | 实务操作和案例分析题 |  |  | 13 | 6 | 2 |
| | | 3.5 屋面与防水工程施工 | 单项选择题 |  |  | 1 | 1 | 2 |
| | | | 多项选择题 |  |  |  |  |  |
| | | | 实务操作和案例分析题 |  |  |  |  |  |

续表

| 命题点 | | | 题型 | 2020年（分） | 2021年（分） | 2022年（分） | 2023年（分） | 2024年（分） |
|---|---|---|---|---|---|---|---|---|
| 第1篇 建筑工程技术 | 第3章 建筑工程施工技术 | 3.6 装饰装修工程施工 | 单项选择题 | 2 | 1 | 1 | 1 | |
| | | | 多项选择题 | 2 | | 4 | 2 | 4 |
| | | | 实务操作和案例分析题 | | | 9 | | |
| | | 3.7 智能建造新技术 | 单项选择题 | | | | | |
| | | | 多项选择题 | | | | | |
| | | | 实务操作和案例分析题 | | | | | 2 |
| | | 3.8 季节性施工技术 | 单项选择题 | | | | 1 | |
| | | | 多项选择题 | 2 | 2 | | | |
| | | | 实务操作和案例分析题 | 2 | | | 7 | 2 |
| 第2篇 建筑工程相关法规与标准 | 第4章 相关法规 | 4.1 建筑工程建设相关规定 | 单项选择题 | | | | | |
| | | | 多项选择题 | | | | 2 | |
| | | | 实务操作和案例分析题 | | | | | 9 |
| | | 4.2 安全生产及施工现场管理相关规定 | 单项选择题 | | | | | |
| | | | 多项选择题 | | | 4 | 2 | 2 |
| | | | 实务操作和案例分析题 | | | | | |
| | 第5章 相关标准 | 5.1 建筑设计及质量控制相关规定 | 单项选择题 | | 1 | 1 | | 1 |
| | | | 多项选择题 | 2 | | | 4 | 2 |
| | | | 实务操作和案例分析题 | | | 15.5 | | |
| | | 5.2 地基基础工程相关规定 | 单项选择题 | | 1 | | | |
| | | | 多项选择题 | 2 | | | | |
| | | | 实务操作和案例分析题 | | | | 2 | |

续表

| 命题点 | | | 题型 | 2020年（分） | 2021年（分） | 2022年（分） | 2023年（分） | 2024年（分） |
|---|---|---|---|---|---|---|---|---|
| 第2篇 建筑工程相关法规与标准 | 第5章 相关标准 | 5.3 主体结构工程相关规定 | 单项选择题 | | | | | |
| | | | 多项选择题 | | | 2 | | |
| | | | 实务操作和案例分析题 | | 5 | | 5 | 6 |
| | | 5.4 装饰装修与屋面工程相关规定 | 单项选择题 | | | 1 | | |
| | | | 多项选择题 | | | | | |
| | | | 实务操作和案例分析题 | | | 2 | | |
| | | 5.5 绿色建造的相关规定 | 单项选择题 | | | | | |
| | | | 多项选择题 | | | | | |
| | | | 实务操作和案例分析题 | | | | | 9 |
| 第3篇 建筑工程项目管理实务 | 第6章 建筑工程企业资质与施工组织 | 6.1 建筑工程企业资质 | 单项选择题 | | | | | |
| | | | 多项选择题 | | | | | 2 |
| | | | 实务操作和案例分析题 | | | | | |
| | | 6.2 施工项目管理机构 | 单项选择题 | | | | | |
| | | | 多项选择题 | 2 | | 2 | | |
| | | | 实务操作和案例分析题 | | | 6 | | 4 |
| | | 6.3 施工组织设计 | 单项选择题 | | | | | |
| | | | 多项选择题 | | | | 2 | |
| | | | 实务操作和案例分析题 | | | | | 4 |
| | | 6.4 施工平面布置 | 单项选择题 | | | | | |
| | | | 多项选择题 | | | | | |
| | | | 实务操作和案例分析题 | | | 6 | 12 | |

续表

| 命题点 | | | 题型 | 2020年(分) | 2021年(分) | 2022年(分) | 2023年(分) | 2024年(分) |
|---|---|---|---|---|---|---|---|---|
| 第3篇 建筑工程项目管理实务 | 第6章 建筑工程企业资质与施工组织 | 6.5 施工临时用电 | 单项选择题 | 1 | | | | |
| | | | 多项选择题 | | | | | |
| | | | 实务操作和案例分析题 | | | 7 | 3 | |
| | | 6.6 施工临时用水 | 单项选择题 | | | | | 1 |
| | | | 多项选择题 | | | | | |
| | | | 实务操作和案例分析题 | | | | | |
| | | 6.7 施工检验与试验 | 单项选择题 | | | | | |
| | | | 多项选择题 | | | | | |
| | | | 实务操作和案例分析题 | | | 5 | | 5 |
| | | 6.8 工程施工资料 | 单项选择题 | | | | | |
| | | | 多项选择题 | | | | | |
| | | | 实务操作和案例分析题 | | | | | 5 |
| | 第7章 工程招标投标与合同管理 | 7.1 工程招标投标 | 单项选择题 | | | | | |
| | | | 多项选择题 | | | | | |
| | | | 实务操作和案例分析题 | | | | | 6 |
| | | 7.2 工程合同管理 | 单项选择题 | | | | | |
| | | | 多项选择题 | | | | | |
| | | | 实务操作和案例分析题 | 19 | 2 | 10 | 4 | 21 |
| | 第8章 施工进度管理 | 8.1 施工进度控制方法应用 | 单项选择题 | | | | | |
| | | | 多项选择题 | | | | | |
| | | | 实务操作和案例分析题 | 5 | 11 | 7 | 7 | 3 |

续表

| 命题点 | | | 题型 | 2020年（分） | 2021年（分） | 2022年（分） | 2023年（分） | 2024年（分） |
|---|---|---|---|---|---|---|---|---|
| 第3篇 建筑工程项目管理实务 | 第8章 施工进度管理 | 8.2 施工进度计划编制与控制 | 单项选择题 | | | | | |
| | | | 多项选择题 | | | | | |
| | | | 实务操作和案例分析题 | 9 | 6 | | | |
| | 第9章 施工质量管理 | 9.1 项目质量计划管理 | 单项选择题 | | | | | |
| | | | 多项选择题 | | | | | |
| | | | 实务操作和案例分析题 | | | | 5 | |
| | | 9.2 项目施工质量检查与检验 | 单项选择题 | | | | | |
| | | | 多项选择题 | | | | | |
| | | | 实务操作和案例分析题 | | | 2 | 6 | 5 |
| | | 9.3 工程质量通病防治 | 单项选择题 | | | | | |
| | | | 多项选择题 | | | | | |
| | | | 实务操作和案例分析题 | | | 5 | 6 | 14 | 11 |
| | | 9.4 工程质量验收管理 | 单项选择题 | 1 | | | | |
| | | | 多项选择题 | | | | | |
| | | | 实务操作和案例分析题 | 9 | 7 | 6 | 6 | 8 |
| | 第10章 施工成本管理 | 10.1 施工成本计划及分解 | 单项选择题 | | | | | |
| | | | 多项选择题 | | | | | |
| | | | 实务操作和案例分析题 | | | | | 3 |
| | | 10.2 施工成本分析与控制 | 单项选择题 | | | | | |
| | | | 多项选择题 | | | | | |
| | | | 实务操作和案例分析题 | 11 | 14 | 6 | 6 | 4 |

续表

| 命题点 | | | 题型 | 2020年（分） | 2021年（分） | 2022年（分） | 2023年（分） | 2024年（分） |
|---|---|---|---|---|---|---|---|---|
| 第3篇 建筑工程项目管理实务 | 第10章 施工成本管理 | 10.3 施工成本管理绩效评价与考核 | 单项选择题 | | | | | |
| | | | 多项选择题 | | | | | |
| | | | 实务操作和案例分析题 | | | | | |
| | 第11章 施工安全管理 | 11.1 施工安全生产管理计划 | 单项选择题 | | | | | |
| | | | 多项选择题 | | | 2 | | |
| | | | 实务操作和案例分析题 | | | 3.5 | | |
| | | 11.2 施工安全生产检查 | 单项选择题 | | | | | |
| | | | 多项选择题 | | | | | |
| | | | 实务操作和案例分析题 | 13 | | 7 | 11 | 2 |
| | | 11.3 施工安全生产管理要点 | 单项选择题 | | | 1 | | |
| | | | 多项选择题 | | | | | |
| | | | 实务操作和案例分析题 | 17 | 6 | 4 | 5 | 3 |
| | | 11.4 常见施工生产安全事故及预防 | 单项选择题 | | | | | |
| | | | 多项选择题 | 2 | | | | |
| | | | 实务操作和案例分析题 | | | | | 2 |
| | 第12章 绿色建造及施工现场环境管理 | 12.1 绿色建造及信息化技术应用管理 | 单项选择题 | | | | | |
| | | | 多项选择题 | | | | | |
| | | | 实务操作和案例分析题 | | | | | |
| | | 12.2 绿色施工及环境保护 | 单项选择题 | 1 | | | | |
| | | | 多项选择题 | | | 6 | | |
| | | | 实务操作和案例分析题 | 17 | 9 | | 7 | |

续表

| 命题点 | | | 题型 | 2020年（分） | 2021年（分） | 2022年（分） | 2023年（分） | 2024年（分） |
|---|---|---|---|---|---|---|---|---|
| 第3篇 建筑工程项目管理实务 | 第13章 施工资源管理 | 13.1 施工现场消防 | 单项选择题 | 1 | | | | 1 |
| | | | 多项选择题 | | | | | |
| | | | 实务操作和案例分析题 | | | | | |
| | | 13.2 材料与半成品管理 | 单项选择题 | | | | | |
| | | | 多项选择题 | | | | | |
| | | | 实务操作和案例分析题 | 10 | | 7 | 5 | |
| | | 13.3 机械设备管理 | 单项选择题 | | | | | |
| | | | 多项选择题 | 2 | | | | |
| | | | 实务操作和案例分析题 | | | 4 | 7 | |
| | | 13.4 劳动用工管理 | 单项选择题 | | | | | |
| | | | 多项选择题 | | | | | |
| | | | 实务操作和案例分析题 | | | 4 | 7 | 5 |
| 合计 | | | 单项选择题 | 20 | 20 | 20 | 20 | 20 |
| | | | 多项选择题 | 20 | 20 | 20 | 20 | 20 |
| | | | 实务操作和案例分析题 | 120 | 120 | 120 | 120 | 120 |

# 2024年度全国一级建造师执业资格考试
## 《建筑工程管理与实务》
## 真题及解析

微信扫一扫
查看本年真题解析课

## 2024年度《建筑工程管理与实务》真题

一、单项选择题（共20题，每题1分。每题的备选项中，只有1个最符合题意）

1. 历史建筑的建筑高度应按建筑室外设计地坪至建（构）筑物（　　）计算。
   A. 檐口顶点　　　　　　　　B. 屋脊
   C. 墙顶点　　　　　　　　　D. 最高点

2. 工程概算书属于（　　）文件内容。
   A. 方案设计　　　　　　　　B. 初步设计
   C. 施工图设计　　　　　　　D. 专项设计

3. 当采用固定式建筑遮阳时，南向宜采用（　　）遮阳。
   A. 水平　　　　　　　　　　B. 垂直
   C. 组合　　　　　　　　　　D. 挡板

4. 需要进行特殊设防的建筑与市政工程，抗震设防类别属于（　　）类。
   A. 甲　　　　　　　　　　　B. 乙
   C. 丙　　　　　　　　　　　D. 丁

5. 建筑消能减震结构中的消能器应由（　　）检测。
   A. 监理单位　　　　　　　　B. 具备资质的第三方
   C. 施工单位　　　　　　　　D. 生产厂家

6. 一般6层以下的住宅建筑最适合采用（　　）结构。
   A. 混合　　　　　　　　　　B. 框架
   C. 剪力墙　　　　　　　　　D. 框架-剪力墙

7. 结构上的永久作用代表值应采用（　　）。
   A. 组合值　　　　　　　　　B. 准永久值
   C. 标准值　　　　　　　　　D. 频遇值

8. 对处于严重腐蚀的使用环境且仅靠涂浆难以有效保护的主要承重钢结构件，防腐蚀方案采用（　　）。
   A. 阴极保护措施　　　　　　B. 耐候钢

C. 防腐蚀涂料 D. 锌、铝等金属保护层

9. 下列混凝土中，优先选用火山灰水泥的是（    ）。
A. 有耐磨性要求的混凝土 B. 在干燥环境中的混凝土
C. 有抗渗要求的混凝土 D. 高强度混凝土

10. 关于天然花岗石特性的说法，正确的是（    ）。
A. 耐磨 B. 属于碱性石材
C. 质地较软 D. 耐火

11. Ⅱ类水溶性内墙涂料不适用于（    ）内墙面。
A. 教室 B. 卧室
C. 浴室 D. 客厅

12. 施工期间，应对基坑工程进行（    ）变形监测。
A. 周边环境 B. 收敛
C. 日照 D. 风振

13. 关于预制桩锤击沉桩顺序的说法，正确的是（    ）。
A. 先浅后深 B. 先小后大
C. 先短后长 D. 先密后疏

14. 下列构件中，达到底模拆除要求的是（    ）。
A. 跨度5m的板，混凝土立方体抗压强度达到设计标准值的50%
B. 跨度2m的梁，混凝土立方体抗压强度达到设计标准值的70%
C. 跨度8m的拱，混凝土立方体抗压强度达到设计标准值的75%
D. 跨度2m的悬臂构件，混凝土立方体抗压强度达到设计标准值的75%

15. 关于先张法预应力的说法，正确的是（    ）。
A. 预应力靠锚具传递给混凝土
B. 对轴心受压构件，所有预应力筋不宜同时放张
C. 对受弯构件，应先放张预应力较大区域，再放张预应力较小区域
D. 施加预应力宜采用一端张拉工艺

16. 大跨度建筑屋面，应优先选用（    ）防水材料。
A. 耐穿刺的 B. 耐腐蚀的
C. 耐候性好 D. 耐霉变的

17. 种植平屋面的排水坡度不应小于（    ）。
A. 2% B. 5%
C. 10% D. 20%

18. 在可能危及航行安全的建筑物上应按规定设置（    ）照明。
A. 安全 B. 障碍
C. 警卫 D. 疏散

19. 关于施工临时供水管网布置原则的说法，正确的是（    ）。
A. 在保证不间断供水的情况下，管道铺设越长越好

B. 主要供水管线不宜采用环线布置
C. 尽量新建临时管道
D. 过冬的临时水管埋入冰冻线下，或采用保温措施

20. 危险性较大的登高焊接动火申请表报（  ）审批后，方可动火。
A. 项目安全管理部门  B. 企业安全管理部门
C. 项目负责人      D. 项目责任工程师

二、多项选择题（共10题，每题2分。每题的备选项中，有2个或2个以上符合题意，至少有1个错项。错选，本题不得分；少选，所选的每个选项得0.5分）

21. 建筑结构体系包括（  ）。
A. 墙       B. 梁
C. 柱       D. 基础
E. 门窗

22. 关于墙身水平防潮层位置的设置，正确的有（  ）。
A. 低于室外地坪           B. 高于室外地坪
C. 做在墙体外             D. 位于室内地层密实材料垫层中部
E. 室内地坪（±0.000）下60mm处

23. 建筑变形缝不应穿过的部位有（  ）。
A. 配电间       B. 走道
C. 车库         D. 卫生间
E. 浴室

24. 关于砌体结构圈梁构造要求的说法，正确的有（  ）。
A. 圈梁宜连续设在同一水平面上，并形成封闭
B. 纵、横墙交接处的圈梁应断开
C. 圈梁宽度不应小于190mm
D. 圈梁配筋不应少于2φ12
E. 圈梁箍筋间距不应大于200mm

25. 关于混凝土基础钢筋施工要求的说法，正确的有（  ）。
A. 底部钢筋采用HPB300钢筋时，端部弯钩应朝上
B. 双层钢筋网的上层钢筋弯钩应朝下
C. 钢筋弯钩统一倒向一边
D. 独立柱基础为双向钢筋网时，底面短边钢筋应放在长边钢筋上
E. 基础底板采用双层钢筋网时，上层钢筋网应设置钢筋撑脚

26. 关于吊顶的说法，正确的有（  ）。
A. 在吊顶施工前，应进行水管试压检验合格
B. 吊杆长度2700mm，应设置反支撑
C. 吊杆遇到风管时，应吊挂在风管上
D. 主龙骨应平行房间长向安装

E. 次龙骨应搭接安装

27. 关于构件式玻璃幕墙工程施工的做法,正确的有（    ）。
A. 幕墙上下立柱之间通过活动接头连接
B. 立柱每层设两个支点时,上支点设圆孔,下支点采用椭圆孔
C. 横梁与立柱连接处设置刚性垫片
D. 幕墙开启窗的开启角度25°,开启距离250mm
E. 密封胶在接缝内三面粘结

28. 施工现场生活区围挡应采用（    ）定型材料。
A. 可拆卸                B. 可循环
C. 标准化                D. 有机类
E. 无机类

29. 下列工程室内粘贴塑料地板时,不应采用溶剂型胶粘剂的有（    ）。
A. 旅馆                  B. 办公楼
C. 医院病房              D. 学校教室
E. 住宅

30. 下列建筑工程中,施工总承包二级资质可以承接（    ）。
A. 高度120m的民用建筑
B. 高度90m的构筑物
C. 单跨跨度30m的构筑物
D. 建筑面积5万 $m^2$ 的民用建筑
E. 建筑面积3万 $m^2$ 的单体工业建筑

三、实务操作和案例分析题（共5题,（一）、（二）、（三）题各20分,（四）、（五）题各30分）

（一）

【背景资料】

某新建保障房项目,单位工程为地下2层,地上9~12层,总建筑面积155万 $m^2$。施工总承包单位按照施工合同组建项目部进场施工。项目部根据工程计划,进场的混凝土搅拌运输车、串筒、混凝土和土方施工的施工机具照片如图1所示。

项目部编制的绿色施工方案中,采用太阳能热水技术等施工现场绿色能源技术,以减少施工阶段的碳排放;对建造阶段的碳排放进行计算,采用施工能耗清单统计法对施工阶段的能源用量进行估算,以确定施工阶段的用电等产生碳排放的传统能源消耗量。

工程施工阶段碳排放的计算边界确定为:
(1) 碳排放计算时间从垫层施工起至项目竣工验收止;
(2) 建筑施工场地区域内外的机械设备等使用过程中消耗的能源产生的碳排放应计入;
(3) 现场搅拌的混凝土和砂浆产生的碳排放应计入,现场制作的构件和部品产生的碳排放不计入;

图 1 混凝土和土方施工机具

(4) 建造阶段使用的办公用房、生活用房和材料库房等临时设施的施工、使用和拆除过程中消耗的能源产生的碳排放不计入。

监理工程师在审查绿色施工方案时，提出以上方案内容存在不妥之处，要求整改。

【问题】

1. 答出图 1 中 B~F 的施工机具名称。（如：A 混凝土搅拌运输车）
2. 答出图 1 中用于混凝土浇筑施工的机具使用先后顺序（表示为：A-B）。混凝土浇筑自由倾落高度不满足要求时，除串筒外，可以使用的机具还有哪些？
3. 施工现场太阳能、空气能利用技术还有哪些？施工现场常用的传统能源还有哪些？
4. 施工阶段的能源用量计算方法选择是否妥当？请说明理由。
5. 改正施工阶段碳排放计算边界中的不妥之处。

## (二)

**【背景资料】**

某商品住宅项目,地下2层,地上12~18层,装配式剪力墙结构,总建筑面积8.4万$m^2$。施工总承包单位中标后组建项目部进场施工。项目部编制了项目网络进度计划,如图2所示。

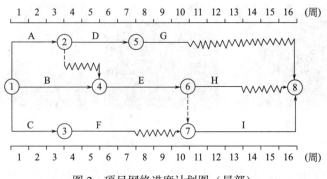

图2 项目网络进度计划图(局部)

施工过程中发生了以下事件:(1)由于设计变更,致使工作E工程量增加,作业时间延长2周;(2)施工单位的施工机械出现故障,需订购零部件替换,致使工作G作业时间延长1周。

公司技术部门在审核基坑专项施工方案时,提出以下内容存在不妥之处,要求修改:

(1)灌注桩桩身设计强度等级C20,采用水下灌注时提高一个等级;

(2)高压旋喷桩截水帷幕与灌注桩排桩净距小于200mm,先施工截水帷幕,后施工灌注桩;

(3)灌注桩顶部泛浆高度不大于300mm,节约混凝土用量;

(4)基坑内支撑的拆除顺序根据现场施工情况调整;

(5)项目部委托具备相应资质的第三方进行基坑监测。

项目技术负责人组织编制了项目工程资料管理方案,明确项目部工程、技术、质量、物资、商务等部门在工程资料形成过程中的职责分工。

专业资料管理人员整理的项目部分工程资料统计见表1。

表1 项目工程资料统计(部分)

| 资料名称 | 责任部门(岗位) |
| --- | --- |
| 分项工程和检验批的划分方案 | A |
| 分包单位的资质报审表 | B |
| 施工日志 | C |
| 施工物资资料 | 物资 |
| 建设工程质量事故报告书 | D |
| 单位工程观感质量检查记录 | E |

冬期施工方案中规定：①基础底板采用C40P6抗渗混凝土，养护期间按规定进行温度测量；②预制墙板钢筋套筒灌浆连接采用低温型灌浆料。监理工程师要求项目部密切关注施工环境温度和灌浆部位温度，底板混凝土在达到受冻临界强度后方可停止测温。

**【问题】**

1. 答出图2中（调整前）的关键线路（表达如A→B）和工作A、工作F的总时差。分别答出事件（1）、（2）工期索赔是否成立，并说明理由。
2. 答出项目部基坑专项施工方案中不妥之处的正确做法。
3. 答出表2中A、B、C、D、E处对应的责任部门（岗位）。
4. 答出基础底板抗渗混凝土的最小受冻临界强度值。
5. 分别答出低温型灌浆料施工开始24h内的灌浆部位温度、施工环境温度最低要求值。

## （三）

**【背景资料】**

某办公楼工程，建筑面积5.2万$m^2$，地下2层，地上20层，地下部分采用桩基础，地上部分为框架—剪力墙结构。基坑采用桩+放坡形式支护，施工时需要降水。项目部组建后开始施工。

项目总工程师向管理人员进行基础工程施工方案交底，其中基础施工安全控制主要内容包括：边坡与基坑支护安全、防水施工时的防火、防毒安全等。

项目部编制了施工现场混凝土检测试验计划，内容主要包括：检测试验项目名称、检测试验参数等。现场试验站面积较小，不具备设置标准养护室条件，混凝土试件标准养护采用其他设施代替。

公司对项目部施工安全管理进行全面检查，包括：安全思想、安全责任、设备设施、教育培训、劳动防护用品使用、伤亡事故处理等十项主要内容。特别对现场最常发生的高处坠落、坍塌等五类事故进行警示教育，要求重点防范。

结构施工采用扣件式钢管落地外脚手架方案，在一定高度时采用悬挑钢梁卸载。脚手架工程专项施工方案中规定：脚手架计算书包括受弯构件强度、连墙件的强度、稳定性和连接强度、立杆地基承载力等计算内容；绘制设计图纸包括脚手架平面布置、立（剖）面图（含剪刀撑布置），脚手架基础节点图，连墙件布置图及节点详图，塔式起重机、施工升降机及其他特殊部位布置及构造图等。

项目完成后，公司对项目部进行项目管理绩效评价，评价过程包括成立绩效评价机构、确定绩效评价专家等四项工作；评价的指标包括项目安全、质量、成本等目标完成情况，和供方管理的有效性、风险预防与持续改进能力等管理效果。最终评价结论为良好。

**【问题】**

1. 基础工程施工安全控制的主要内容还有哪些？
2. 混凝土检测试验计划内容还有哪些？混凝土标准养护设施还有哪些？
3. 现场施工安全管理检查还有哪些内容？现场最常见发生的事故类别还有哪些？
4. 脚手架计算书还应有哪些计算内容？还应绘制哪些设计图纸？
5. 项目管理绩效评价过程工作还有哪些？项目管理绩效评价指标内容还有哪些？

(四)

**【背景资料】**

某施工单位中标新建教学楼工程,建筑面积2.46万 m²,地上4层,钢筋混凝土框架剪力墙结构,部分楼板采用预制钢筋混凝土叠合板,砌体采用空心混凝土砌块,外立面为玻璃和石材幕墙,部分内墙采用装饰抹灰工艺。

项目部建立了质量保证体系并制定质量管理制度,要求施工重要工序和关键节点工序交接检查时严格执行"三检"制度,采用目测法、实测法及试验法对现场工程质量进行检查。

叠合板预制构件未进行结构性能检验,无驻厂监督生产。进场后,项目部会同监理工程师按规定对叠合板预制构件主要受力钢筋规格等项目进行实体检验,合格后批准使用。

项目部在自检中发现填充墙与主体结构交接处出现裂缝,技术人员制定了包括:柱边设置间距500mm的2φ6钢筋、里口用半砖斜砌墙等专项防治措施,要求现场严格执行。

公司在装饰抹灰检查中发现有抹灰层脱层、空鼓、面层爆灰、裂缝、表面不平整、接搓和抹纹明显等与一般抹灰相同的质量通病;在检查幕墙安全和功能检验资料时发现,只有硅酮结构胶相容性和剥离粘结性、幕墙气密性和水密性等检验项目报告。

施工完成后,项目部对建筑节能工程的所有分部分项工程进行了验收,符合要求后提交了竣工预验收申请。

**【问题】**

1. 现场质量检查的"三检"制度是哪三检?现场试验法检查的两种方法是什么?
2. 叠合板预制构件进场后的实体检验项目还有哪些?
3. 填充墙与主体结构交接处的裂缝一般出现在哪些部位?其防治措施还有哪些?
4. 除一般抹灰常见质量问题外,装饰抹灰常见质量问题还有哪些?幕墙安全和功能检验项目还有哪些?
5. 除墙体节能工程外,建筑节能围护结构节能子分部的分项工程还有哪些?

## （五）

**【背景资料】**

建设单位投资兴建某工程，工程的招标文件部分要求有：承包模式为施工总承包，报价采用工程量清单计价，投标单位须遵守工程量清单使用范围等强制性内容的规定；投标单位承担项目的进度、质量、安全等管理责任，应对招标文件中要求的技术标准、质量、投标有效期等作出实质性响应；中标单位不得违法分包，如将工程分包给个人等；工程竣工验收后6个月内完成结算，工程结算据实调整。

某施工单位工程中标造价为7782.60万元。其中：分部分项工程费为6000.00万元；措施项目费为600.00万元（按分部分项工程费的10%计取）；其他项目费为400.00万元，其中，暂列金额为297.00万元，专业分包暂估价为100.00万元，总承包服务费费率为3%；规费为140.00万元（费率为2%）；税金为642.60万元（税率为9%）。

施工单位确定项目自行施工工程造价为7222.22万元，目标利润率为10%。项目部对目标成本进行了专项施工成本分析，内容包括工期成本分析、技术措施节约效果分析等，做好成本管理工作。

经建设单位和施工单位确认：增补某缺项工程量清单费用，其工程量为2000.00m³，综合单价为500.00元/m³；签订施工总承包合同时未确定的设备实际采购价为268.00万元；工程价款调整及设计变更为119.00万元；专业分包费为90.00万元。

工程按期完工，各方办理了竣工验收，建设单位和施工单位办理了竣工结算。

**【问题】**

1. 工程量清单的强制性内容还有哪些？
2. 投标单位对招标文件要求作出实质性响应的内容还有哪些？
3. 中标单位还应避免哪些违法分包行为？
4. 施工单位自行施工工程的目标成本是多少万元（四舍五入取整数）？专项施工成本分析内容还有哪些？
5. 按照综合单价法，分步骤列式计算施工单位的结算造价是多少万元？

# 2024 年度真题参考答案及解析

## 一、单项选择题

| | | | | |
|---|---|---|---|---|
| 1. D； | 2. B； | 3. A； | 4. A； | 5. B； |
| 6. A； | 7. C； | 8. B； | 9. C； | 10. A； |
| 11. C； | 12. A； | 13. D； | 14. C； | 15. D； |
| 16. C； | 17. A； | 18. B； | 19. D； | 20. B。 |

【解析】

1. D。本题考核的是建筑高度的计算。历史建筑，历史文化名城名镇名村、历史文化街区、文物保护单位、风景名胜区、自然保护区的保护规划区内的建筑，建筑高度应按建筑物室外设计地坪至建（构）筑物最高点计算。

2. B。本题考核的是建筑设计程序。初步设计文件的内容应包括设计说明书有关专业的设计图纸、主要设备或材料表、工程概算书、有关专业计算书等，故选项 B 正确。

方案设计文件的内容应包括设计说明书、总平面图以及相关建筑设计图纸，设计委托或设计合同中规定的透视图、鸟瞰图、模型等。

施工图设计文件的内容应包括合同要求所涉及的所有专业的设计图纸、工程预算书、各专业计算书等。

专项设计工程包括建筑装饰工程、建筑智能化系统设计、建筑幕墙工程、基坑工程、轻型房屋钢结构工程、风景园林工程、消防设施工程、环境工程、照明工程、预制混凝土构件加工图设计等。

3. A。本题考核的是遮阳设计。建筑门窗洞口的遮阳宜优先选用活动式建筑遮阳。当采用固定式建筑遮阳时，南向宜采用水平遮阳；东北、西北及北回归线以南地区的北向宜采用垂直遮阳；东南、西南朝向窗口宜采用组合遮阳；东、西朝向窗口宜采用挡板遮阳。

建筑遮阳应与建筑立面、门窗洞口构造一体化设计。

4. A。本题考核的是抗震设防类别。抗震设防的各类建筑与市政工程，均应根据其遭受地震破坏后可能造成的人员伤亡、经济损失、社会影响程度及其在抗震救灾中的作用等因素划分为甲、乙、丙、丁四个抗震设防类别：

甲类：特殊设防类，指使用上有特殊要求的设施，涉及国家公共安全的重大建筑与市政工程，地震时可能发生严重次生灾害等特别重大灾害后果，需要进行特殊设防的建筑与市政工程，故选项 A 正确。

乙类：重点设防类，指地震时使用功能不能中断或需尽快恢复的生命线相关建筑与市政工程，以及地震时可能导致大量人员伤亡等重大灾害后果，需要提高设防标准的建筑与市政工程。

丙类：标准设防类，指除甲类、乙类、丁类以外按标准要求进行设防的建筑与市政工程。

丁类：适度设防类，指使用上人员稀少且震损不致产生次生灾害，允许在一定条件下适度降低设防要求的建筑与市政工程。

5. B。本题考核的是消能器。消能器的检测应由具备资质的第三方进行，故选项 B 正确。消能器应具有型式检验报告或产品合格证。钢筋混凝土构件作为消能器的支撑构件时，其混凝土强度等级不应低于 C30。消能器与支撑、节点板、预埋件的连接可采用高强度螺栓、焊接或销轴。消能器的支撑或连接元件或构件、连接板应保持弹性。

6. A。本题考核的是建筑结构体系。混合结构房屋一般是指楼盖和屋盖采用钢筋混凝土或钢木结构，而墙和柱采用砌体结构建造的房屋，大多用在住宅、办公楼、教学楼建筑中。住宅建筑最适合采用混合结构，一般在 6 层以下，故选项 A 正确。

框架结构是利用梁、柱组成的纵、横两个方向的框架形成的结构体系。常用于公共建筑、工业厂房等。

剪力墙结构多应用于住宅建筑，不适用于大空间的公共建筑。

框架-剪力墙结构中，剪力墙主要承受水平荷载，竖向荷载主要由框架承担。框架-剪力墙结构适用于不超过 170m 高的建筑。

7. C。本题考核的是永久作用。结构上的作用根据随时间变化的特性分为永久作用、可变作用和偶然作用，其代表值应符合下列规定：

（1）永久作用，应采用标准值，故选项 C 正确。

（2）可变作用，应根据设计要求采用标准值、组合值、频遇值或准永久值。

（3）偶然作用，应按结构设计使用特点确定其代表值。

8. B。本题考核的是钢结构防腐蚀。钢结构防腐蚀可选择以下防腐蚀方案：（1）防腐蚀涂料；（2）各种工艺形成的锌、铝等金属保护层；（3）阴极保护措施；（4）耐候钢。

对处于严重腐蚀的使用环境且仅靠涂装难以有效保护的主要承重钢结构构件，宜采用耐候钢或外包混凝土，故选项 B 正确。

钢结构的隔热保护措施在相应的工作环境下应具有耐久性，并与钢结构的防腐、防火保护措施相容。

9. C。本题考核的是常用水泥的应用。在混凝土工程中，根据使用场合、条件的不同，可选择不同种类的水泥，具体可参考表 2。

表 2 常用水泥的选用

| 混凝土工程特点或所处环境条件 | | 优先选用 | 可以使用 | 不宜使用 |
|---|---|---|---|---|
| 普通混凝土 | 1 在普通气候环境中的混凝土 | 普通水泥 | 矿渣水泥、火山灰水泥、粉煤灰水泥、复合水泥 | — |
| | 2 在干燥环境中的混凝土 | 普通水泥 | 矿渣水泥 | 火山灰水泥、粉煤灰水泥 |

续表

| 混凝土工程特点或所处环境条件 | | | 优先选用 | 可以使用 | 不宜使用 |
|---|---|---|---|---|---|
| 普通混凝土 | 3 | 在高湿度环境中或长期处于水中的混凝土 | 矿渣水泥、火山灰水泥、粉煤灰水泥、复合水泥 | 普通水泥 | — |
| | 4 | 厚大体积的混凝土 | 矿渣水泥、火山灰水泥、粉煤灰水泥、复合水泥 | — | 硅酸盐水泥 |
| 有特殊要求的混凝土 | 1 | 要求快硬、早强的混凝土 | 硅酸盐水泥 | 普通水泥 | 矿渣水泥、火山灰水泥、粉煤灰水泥、复合水泥 |
| | 2 | 高强（大于C50级）混凝土 | 硅酸盐水泥 | 普通水泥、矿渣水泥 | 火山灰水泥、粉煤灰水泥 |
| | 3 | 有抗渗要求的混凝土 | 普通水泥、火山灰水泥 | — | 矿渣水泥 |
| | 4 | 有耐磨性要求的混凝土 | 硅酸盐水泥、普通水泥 | 矿渣水泥 | 火山灰水泥、粉煤灰水泥 |
| | 5 | 受侵蚀介质作用的混凝土 | 矿渣水泥、火山灰水泥、粉煤灰水泥、复合水泥 | — | 硅酸盐水泥 |

10．A。本题考核的是天然花岗石的特性。花岗石构造致密、强度高、密度大、吸水率极低、质地坚硬、耐磨，属酸性硬石材，故选项A正确。其耐酸、抗风化、耐久性好，使用年限长，但不耐火。

花岗石板材主要应用于大型公共建筑或装饰等级要求较高的室内外装饰工程。花岗石因不易风化，外观色泽可保持百年以上，所以，粗面和细面板材常用于室外地面、墙面、柱面、勒脚、基座、台阶；镜面板材主要用于室内外地面、墙面、柱面、台面、台阶等。

11．C。本题考核的是水溶性内墙涂料。业界使用最为普遍的品类是水溶性内墙涂料，例如聚醋酸乙烯乳液、苯丙乳液、乙丙乳液、纯丙乳液和氯偏乳液等。

水溶性内墙涂料的产品技术性能要求：容器中状态、细度、遮盖力、白度（仅白色涂料）、涂膜外观、附着力、耐水性、耐干擦性、耐洗刷性等。

水溶性内墙涂料的应用：Ⅰ类，用于涂刷浴室、厨房内墙；Ⅱ类，用于涂刷建筑物室内的一般墙面，故选项C正确。

12．A。本题考核的是施工期间变形监测内容，应符合下列规定：

（1）对以下各对象应进行沉降观测：

① 安全设计等级为一级、二级的基坑。

② 地基基础设计等级为甲级，或软弱地基上的地基基础设计等级为乙级的建筑。

③ 长大跨度或体形狭长的工程结构。

④ 重要基础设施工程。

⑤ 工程设计或施工要求监测的其他对象。

（2）对基坑工程，应进行基坑及其支护结构变形监测和周边环境变形监测，故选项A

正确。

(3) 对高层和超高层建筑、体形狭长的工程结构、重要基础设施工程，应进行水平位移监测、垂直度及倾斜观测。

(4) 对高层和超高层建筑、长大跨度或体形狭长的工程结构，应进行挠度监测、日照变形监测、风振变形监测。

(5) 对隧道、涵洞等拱形设施，应进行收敛变形监测。

13. D。本题考核的是预制桩锤击沉桩顺序。沉桩顺序应按先深后浅、先大后小、先长后短、先密后疏的次序进行。对于密集桩群应控制沉桩速率，宜从中间向四周或两边对称施打；当一侧毗邻建筑物时，由毗邻建筑物处向另一方向施打，故选项 D 正确。

锤击沉桩法的施工程序：确定桩位和沉桩顺序→桩机就位→吊桩喂桩→校正→锤击沉桩→接桩→再锤击沉桩→送桩→收锤→切割桩头。

14. C。本题考核的是模板拆除要点。现浇混凝土结构模板及支架拆除时的混凝土强度，应符合设计要求。当无设计要求时，应符合下列要求：

(1) 底模及支架拆除时的混凝土强度应符合表 3 的规定。

表3 底模及支架拆除时的混凝土强度要求

| 构件类型 | 构件跨度(m) | 达到设计的混凝土立方体抗压强度标准值的百分率(%) |
|---|---|---|
| 板 | ≤2 | ≥50 |
|  | >2,≤8 | ≥75 |
|  | >8 | ≥100 |
| 梁、拱、壳 | ≤8 | ≥75 |
|  | >8 | ≥100 |
| 悬臂构件 |  | ≥100 |

(2) 不承重的侧模板，包括梁、柱、墙的侧模板，只要混凝土强度保证其表面、棱角不因拆模而受损坏，即可拆除。一般墙体大模板在常温条件下，混凝土强度达到 $1N/mm^2$，即可拆除。

(3) 模板的拆除顺序：一般按后支先拆、先支后拆，先拆除非承重部分后拆除承重部分的拆模顺序进行。

(4) 快拆支架体系的支架立杆间距不应大于 2m。拆模时应保留立杆并顶托支承楼板，拆模时的混凝土强度可取构件跨度为 2m，按表 3 确定。

15. D。本题考核的是先张法预应力。先张法的特点是：先张拉预应力筋后，再浇筑混凝土；预应力是靠预应力筋与混凝土之间的粘结力传递给混凝土，并使其产生预压应力。后张法的特点是：先浇筑混凝土，达到一定强度后，再在其上张拉预应力筋；预应力是靠锚具传递给混凝土，并使其产生预压应力，故选项 A 错误。

先张法预应力筋的放张顺序，应符合下列规定：

(1) 宜采取缓慢放张工艺进行逐根或整体放张。

（2）对轴心受压构件，所有预应力筋宜同时放张，故选项B错误。

（3）对受弯或偏心受压的构件，应先同时放张预压应力较小区域的预应力筋，再同时放张预压应力较大区域的预应力筋，故选项C错误。

（4）放张后，预应力筋的切断顺序，宜从张拉端开始依次切向另一端。

在先张法中，施加预应力宜采用一端张拉工艺，张拉控制应力和程序按图纸设计要求进行。当设计无具体要求时，一般采用 $0\rightarrow1.03\sigma_{con}$。张拉时，根据构件情况可采用单根、多根或整体一次进行张拉。当采用单根张拉时，其张拉顺序宜由下向上，由中到边（对称）进行，故选项D正确。

16. C。本题考核的是防水材料选择的基本原则。防水材料选择的基本原则：

（1）外露使用的防水层，应选用耐紫外线、耐老化、耐候性好的防水材料；

（2）上人屋面，应选用耐霉变、拉伸强度高的防水材料；

（3）长期处于潮湿环境的屋面，应选用耐腐蚀、耐霉变、耐穿刺、耐长期水浸等性能的防水材料；

（4）薄壳、装配式结构、钢结构及大跨度建筑屋面，应选用耐候性好、适应变形能力强的防水材料，故选项C正确；

（5）倒置式屋面应选用适应变形能力强、接缝密封保证率高的防水材料；

（6）坡屋面应选用与基层粘结力强、感温性小的防水材料；

（7）屋面接缝密封防水，应选用与基材粘结力强和耐候性好、适应位移能力强的密封材料。

17. A。本题考核的是种植平屋面的排水坡度。种植平屋面排水坡度不宜小于2%；天沟、檐沟的排水坡度不宜小于1%。

18. B。本题考核的是照明设置规定。当下列场所正常照明供电电源失效时，应设置应急照明：（1）工作或活动不可中断的场所，应设置备用照明；（2）人员处于潜在危险之中的场所，应设置安全照明；（3）人员需有效辨认疏散路径的场所，应设置疏散照明。

在夜间非工作时间值守或巡视的场所，应设置值班照明。

需警戒的场所，应根据警戒范围的要求设置警卫照明。

在可能危及航行安全的建（构）筑物上，应根据国家相关规定设置障碍照明，故选项B正确。

19. D。本题考核的是施工临时供水管网布置原则。临时供水管网：

（1）供水管网布置的原则如下：在保证不间断供水的情况下，管道铺设越短越好，故选项A错误；要考虑施工期间各段管网移动的可能性；主要供水管线采用环状布置，孤立点可设支线，故选项B错误；尽量利用已有的或提前修建的永久管道，故选项C错误；管径要经过计算确定。

（2）管线穿路处均要套以铁管，并埋入地下0.6m处，以防重压。

（3）过冬的临时水管须埋入冰冻线以下或采取保温措施，故选项D正确。

（4）排水沟沿道路两侧布置，纵向坡度不小于0.2%，过路处须设涵管，在山地建设时应有防洪设施。

(5)临时室外消防给水干管的直径不应小于DN100,消火栓间距不应大于120m;距拟建房屋不应小于5m且不宜大于25m,距路边不宜大于2m。

20. B。本题考核的是施工现场动火审批程序。施工现场动火等级的划分与施工现场动火审批程序见表4。

表4 施工现场动火等级的划分与施工现场动火审批程序

| 等级 | 情形 | 审批程序 |
| --- | --- | --- |
| 一级动火作业 | ①禁火区域内。<br>②油罐、油箱、油槽车和储存过可燃气体、易燃液体的容器及其连接在一起的辅助设备。<br>③各种受压设备。<br>④危险性较大的登高焊、割作业。<br>⑤比较密封的室内、容器内、地下室等场所。<br>⑥现场堆有大量可燃和易燃物质的场所 | 由项目负责人组织编制防火安全技术方案,填写动火申请表,报企业安全管理部门审查批准后,方可动火,如钢结构的安装焊接 |
| 二级动火作业 | ①在具有一定危险因素的非禁火区域内进行临时焊、割等用火作业。<br>②小型油箱等容器。<br>③登高焊、割等用火作业 | 由项目责任工程师组织拟定防火安全技术措施,填写动火申请表,报项目安全管理部门和项目负责人审查批准后,方可动火 |
| 三级动火作业 | 在非固定的、无明显危险因素的场所进行用火作业 | 由所在班组填写动火申请表,经项目责任工程师和项目安全管理部门审查批准后,方可动火 |

## 二、多项选择题

21. A、B、C、D;　　22. B、D、E;　　23. A、D、E;
24. A、C、E;　　　25. A、B、D、E;　26. A、D;
27. A、D;　　　　28. B、C;　　　　29. C、D、E;
30. B、C、E。

【解析】

21. A、B、C、D。本题考核的是建筑结构体系。建筑物由结构体系、围护体系和设备体系组成。

建筑物的结构体系承受竖向荷载和侧向荷载,并将这些荷载安全地传至地基,一般将其分为上部结构和地下结构:上部结构是指基础以上部分的建筑结构,包括墙、柱、梁、板、屋顶等;地下结构指建筑物的基础结构。

建筑物的围护体系由屋面、外墙、门、窗等组成。

建筑物的设备体系通常包括给水排水系统、供电系统和供热通风系统。其中供电系统分为强电系统和弱电系统两部分,强电系统指供电、照明等,弱电系统指通信、信息、探测、报警等;给水系统为建筑物内的使用人群提供饮用水和生活用水,排水系统排走建筑物内的污水;供热通风系统为建筑物内的使用人群提供舒适的环境。

22. B、D、E。本题考核的是墙身水平防潮层位置的设置。在建筑底层内墙脚、外墙勒脚部位设置连续的防潮层隔绝地下水的毛细渗透，避免墙身受潮破坏。水平防潮层的位置：做在墙体内、高于室外地坪、位于室内地层密实材料垫层中部、室内地坪（±0.000）以下60mm处。

23. A、D、E。本题考核的是变形缝的设置。变形缝包括伸缩缝、沉降缝和抗震缝，其设置应符合下列规定：

（1）变形缝应按设缝的性质和条件设计，使其在产生位移或变形时不受阻，且不破坏建筑物。

（2）根据建筑使用要求，变形缝应分别采取防水、防火、保温、隔声、防老化、防腐蚀、防虫害和防脱落等构造措施。

（3）变形缝不应穿过卫生间、盥洗室和浴室等用水的房间，也不应穿过配电间等严禁有漏水的房间。

24. A、C、E。本题考核的是圈梁构造要求。圈梁构造要求：

（1）圈梁宜连续地设在同一水平面上，并形成封闭状，故选项A正确；当圈梁被门窗洞口截断时，应在洞口上部增设相同截面的附加圈梁。附加圈梁与圈梁的搭接长度不应小于其中垂直间距的2倍，且不得小于1m。

（2）纵、横墙交接处的圈梁应可靠连接，故选项B错误。刚弹性和弹性方案房屋，圈梁应与屋架、大梁等构件可靠连接。

（3）圈梁宽度不应小于190mm，高度不应小于120mm，配筋不应少于4φ12，箍筋间距不应大于200mm，故选项D错误，选项C、E正确。

（4）圈梁兼作过梁时，过梁部分的钢筋应按计算面积另行增配。

25. A、B、D、E。本题考核的是钢筋工程施工技术要求。钢筋工程施工技术要求：

（1）绑扎钢筋时，底部钢筋应绑扎牢固，采用HPB300钢筋时，端部弯钩应朝上，柱的锚固钢筋下端应用90°弯钩与基础钢筋绑扎牢固，按轴线位置校核后上端应固定牢靠，故选项A正确。

（2）基础底板采用双层钢筋网时，在上层钢筋网下面应设置钢筋撑脚，以保证钢筋位置正确，故选项E正确。

（3）钢筋的弯钩应朝上，不要倒向一边，故选项C错误；但双层钢筋网的上层钢筋弯钩应朝下，故选项B正确。

（4）独立柱基础为双向钢筋时，其底面短边的钢筋应放在长边钢筋的上面，故选项D正确。

（5）现浇柱与基础连接用的插筋，一定要固定牢靠，位置准确，以免造成柱轴线偏移。

（6）基础中纵向受力钢筋的混凝土保护层厚度应符合设计要求；设计使用年限达到100年的地下结构和构件，其迎水面的钢筋保护层厚度不应小于50mm；当无垫层时，不应小于70mm。

26. A、D。本题考核的是吊顶工程施工。

施工前，应按设计要求对房间的净高、洞口标高和吊顶内的管道、设备及其支架等标高进行交接检验。对吊顶内的管道、设备的安装及水管试压进行验收，故选项A正确。

当吊杆长度大于1500mm时，应设置反支撑，当吊杆长度大于2500mm时，应设置钢结构转换层，故选项B错误。

当吊杆遇到梁、风管等机电设备时，需进行跨越施工：在梁或风管设备两侧用吊杆固定角铁或者槽钢等刚性材料作为横担，再将龙骨吊杆用螺栓固定在横担上。吊杆不得直接吊挂在设备或设备支架上，故选项C错误。

主龙骨间距不大于1200mm。主龙骨分为不上人小龙骨、上人大龙骨两种。主龙骨宜平行房间长向安装。主龙骨的悬臂段不应大于300mm，主龙骨的接长应采取对接，相邻龙骨的对接接头要相互错开，故选项D正确。

安装次龙骨：次龙骨间距不大于600mm。次龙骨不得搭接。在通风、水电等洞口周围应设附加龙骨，故选项E错误。

27. A、D。本题考核的是构件式玻璃幕墙工程施工。

铝合金立柱通常是一层楼高为一整根，接头处应有一定空隙，上、下立柱之间通过活动接头连接，故选项A正确。

当每层设两个支点时，一般宜设计成受拉构件，不设计成受压构件。上支点宜设圆孔，在上端悬挂，采用长圆孔或椭圆孔与下端连接，形成吊挂受力状态，故选项B错误。

横梁一般分段与立柱连接，连接处应设置柔性垫片或预留1~2mm的间隙，间隙内填胶，以避免型材刚性接触，故选项C错误。

幕墙开启窗的开启角度不宜大于30°，开启距离不宜大于300mm，故选项D正确。

密封胶在接缝内应两对面粘结，不应三面粘结，故选项E错误。

28. B、C。本题考核的是施工现场建筑垃圾减量化措施。施工现场办公用房、宿舍、工地围挡、大门、工具棚、安全防护栏杆等临时设施推广采用重复利用率高的标准化设施。

29. C、D、E。本题考核的是民用建筑工程室内环境污染控制管理。Ⅰ类民用建筑工程室内装修粘贴塑料地板时，不应采用溶剂型胶粘剂。Ⅰ类民用建筑工程包含住宅、居住功能公寓、医院病房、老年人照料房屋设施、幼儿园、学校教室、学生宿舍等。

Ⅱ类民用建筑工程中地下室及不与室外直接自然通风的房间粘贴塑料地板时，不宜采用溶剂型胶粘剂。Ⅱ类民用建筑工程：办公楼、商店、旅馆、文化娱乐场所、书店、图书馆、展览馆、体育馆、公共交通等候室、餐厅等。

30. B、C、E。本题考核的是建筑工程施工总承包资质承接工程范围。建筑工程施工总承包资质承接工程范围见表5。

表5 建筑工程施工总承包资质承接工程范围

| 资质等级 | 承接工程范围 |
| --- | --- |
| 特级资质 | 可承担各类房屋建筑工程的施工总承包、设计及开展工程总承包和项目管理业务 |
| 一级资质 | 可承担单项合同额3000万元以上的下列建筑工程的施工：<br>(1)高度200m以下的工业、民用建筑工程；<br>(2)高度240m以下的构筑物工程 |

续表

| 资质等级 | 承接工程范围 |
| --- | --- |
| 二级资质 | 可承担下列建筑工程的施工：<br>(1)高度 100m 以下的工业、民用建筑工程；<br>(2)高度 120m 以下的构筑物工程；<br>(3)建筑面积 4 万 m² 以下的单体工业、民用建筑工程；<br>(4)单跨跨度 39m 以下的建筑工程 |
| 三级资质 | 可承担下列建筑工程的施工：<br>(1)高度 50m 以下的工业、民用建筑工程；<br>(2)高度 70m 以下的构筑物工程；<br>(3)建筑面积 1.2 万 m² 以下的单体工业、民用建筑工程；<br>(4)单跨跨度 27m 以下的建筑工程 |

## 三、实务操作和案例分析题

（一）

1. 图 1 中 B～F 的施工机具名称：B 为混凝土固定泵；C 为布料机；D 为串筒；E 为振捣棒；F 为挖掘机。

2. 用于混凝土浇筑施工的机具使用先后顺序：A-B-C-D-E。

混凝土浇筑自由倾落高度不满足要求时，除串筒外，可以使用的机具还有：溜管、溜槽。

3. 施工现场太阳能、空气能利用技术还有：施工现场太阳能光伏发电照明技术、空气能热水技术。

施工现场常用的传统能源还有：汽油、柴油、燃气、电等。

4. 施工阶段的能源用量计算方法选择不妥当。

理由：建造阶段的能源总用量宜采用施工工序能耗估算法计算。

5. 改正施工阶段碳排放计算边界中的不妥之处：

(1) 碳排放计算时间应从项目开工起至项目竣工验收止；

(2) 建筑施工场地区域外的机械设备等使用过程中消耗的能源产生的碳排放不应计入；

(3) 现场制作的构件和部品产生的碳排放应计入。

（二）

1. 图 2 中（调整前）的关键线路：B→E→I。

工作 A 的总时差为 2 周；工作 F 的总时差为 3 周。

事件（1）工期索赔成立。理由：工作 E 是关键工作，且设计变更是建设单位的原因造成的。

事件（2）工期索赔不成立。理由：施工机械出现故障影响工期是施工单位自身的原因。

2. 项目部基坑专项施工方案中不妥之处的正确做法：

(1) 灌注桩桩身设计强度等级不应低于 C25。

(2) 高压旋喷桩先施工灌注桩，后施工截水帷幕。

（3）灌注桩顶部泛浆高度不应小于500mm。

（4）应由建设方委托具备相应资质的第三方进行基坑监测。

3. A：技术，B：商务，C：工程，D：质量，E：质量。

4. 基础底板抗渗混凝土的最小受冻临界强度值为20MPa。

5. 低温型灌浆料施工开始24h内的灌浆部位温度不低于-5℃，灌浆施工过程中施工环境温度不低于0℃。

## （三）

1. 基础工程施工安全控制的主要内容还有：

（1）挖土机械作业安全；

（2）降水设施与临时用电安全；

（3）桩基施工的安全防范。

2. 混凝土检测试验计划内容还有：试样规格、代表批量、施工部位、计划检测试验时间。

混凝土标准养护设施还有：养护箱或养护池。

3. 现场施工安全管理检查还有：安全制度、安全措施、安全防护、操作行为。

现场最常见发生的事故类别还有：物体打击、机械伤害、触电。

4. 脚手架计算书还应有的计算内容：连接扣件的抗滑移、立杆稳定性；悬挑架钢梁挠度。

还应绘制的设计图纸：吊篮平面布置、全剖面图，非标吊篮节点图（包括非标支腿、支腿固定稳定措施、钢丝绳非正常固定措施），施工升降机及其他特殊部位（电梯间、高低跨、流水段）布置及构造图等。

5. 项目管理绩效评价过程工作还有：制订绩效评价标准；形成绩效评价结果。

项目管理绩效评价指标内容还有：（1）项目环保、工期目标完成情况；（2）合同履约率、相关方满意度；（3）项目综合效益。

## （四）

1. 现场质量检查的"三检"制度是自检、互检、专检。

现场试验法检查的两种方法是理化试验、无损检测。

2. 叠合板预制构件进场后的实体检验项目还有：主要受力钢筋数量、间距、保护层厚度及混凝土强度等进行实体检验。

3. 填充墙与主体结构交接处的裂缝一般出现在框架梁底、柱边部位。

其防治措施还有：（1）填充墙梁下口最后3皮砖应在下部墙砌完14d后砌筑；（2）外窗下为空心砖墙时，若设计无要求，将窗台改为细石混凝土并加配钢筋；（3）柱与填充墙接触处应设加强网片。

4. 除一般抹灰常见质量问题外，装饰抹灰常见质量问题还有：色差、掉角、脱皮等。

幕墙安全和功能检验项目还有：（1）幕墙后置埋件和槽式预埋件的现场拉拔力；（2）幕墙的耐风压性能及层间变形性能。

5. 除墙体节能工程外，建筑节能围护结构节能子分部的分项工程还有：幕墙节能工程，门窗节能工程，屋面节能工程，地面节能工程。

(五)

1. 工程量清单的强制性内容还有：工程量清单的计价方式、竞争费用、风险处理、工程量清单编制方法、工程量计算规则。

2. 投标单位对招标文件要求作出实质性响应的内容还有：招标范围、工期、安全标准、法律法规、权利义务、报价编制。

3. 中标单位还应避免的违法分包行为：

(1) 施工总承包单位或专业承包单位将工程分包给不具备相应资质单位的。

(2) 施工总承包单位将施工总承包合同范围内工程主体结构的施工分包给其他单位的，钢结构工程除外。

(3) 专业分包单位将其承包的专业工程中非劳务作业部分再分包的。

(4) 专业作业承包人将其承包的劳务再分包的。

(5) 专业作业承包人除计取劳务作业费用外，还计取主要建筑材料款和大中型施工机械设备、主要周转材料费用的。

4. 施工单位自行施工工程的目标成本 = 7222.22×(1−10%) = 6500 万元。

专项施工成本分析内容还有：成本盈亏异常分析、质量成本分析、资金成本分析、其他有利因素和不利因素分析。

5. 分部分项工程费 = 6000+2000×500÷10000 = 6100 万元。

措施项目费 = 6100×10% = 610 万元。

其他项目费 = 268+119+90×(1+3%) = 479.7 万元。

规费 = (6100+610+479.7)×2% = 143.794 万元。

增值税 = (6100+610+479.7+143.794)×9% = 660.01446 万元。

结算造价 = 6100+610+479.7+143.794+660.01446 = 7994 万元。

2023 年度全国一级建造师执业资格考试

# 《建筑工程管理与实务》

## 真题及解析

## 2023 年度《建筑工程管理与实务》真题

一、**单项选择题**（共20题，每题1分。每题的备选项中，只有1个最符合题意）

1. 下列建筑中，属于公共建筑的是（　　）。
   A. 仓储建筑　　　　　　　　　B. 农机修理站
   C. 医疗建筑　　　　　　　　　D. 宿舍建筑

2. 关于室外疏散楼梯和每层出口处平台的规定，正确的是（　　）。
   A. 应采取难燃材料制作　　　　B. 平台的耐火极限不应低于0.5h
   C. 疏散门应正对楼梯段　　　　D. 疏散出口的门应采用乙级防火门

3. 幼儿园建筑中幼儿经常出入的通道应为（　　）地面。
   A. 暖性　　　　　　　　　　　B. 弹性
   C. 防滑　　　　　　　　　　　D. 耐磨

4. 吊顶龙骨起拱正确的是（　　）。
   A. 短向跨度上起拱　　　　　　B. 长向跨度上起拱
   C. 双向起拱　　　　　　　　　D. 不起拱

5. 当发生火灾时，结构应在规定时间内保持承载力和整体稳固性，属于结构的（　　）功能。
   A. 稳定性　　　　　　　　　　B. 适应性
   C. 安全性　　　　　　　　　　D. 耐久性

6. 属于结构设计间接作用（荷载）的是（　　）。
   A. 预加应力　　　　　　　　　B. 起重机荷载
   C. 撞击力　　　　　　　　　　D. 混凝土收缩

7. 填充墙可采用蒸压加气混凝土砌体的部位或环境有（　　）。
   A. 化学侵蚀环境　　　　　　　B. 砌体表面温度低于80℃的部位
   C. 建筑物防潮层以下墙体　　　D. 长期处于有振动源环境的墙体

8. 装配式装修的重要表现形式是（　　）。
   A. 模块化设计　　　　　　　　B. 标准化制作
   C. 批量化生产　　　　　　　　D. 整体化安装

9. 用低强度等级水泥配制高强度等级混凝土，会导致（　　）。
   A. 耐久性差　　　　　　　　　B. 和易性差

C. 水泥用量太大　　　　　　　　　　D. 密实度差

10. 一般用于房屋防潮层以下砌体的砂浆是（　　）。
   A. 水泥砂浆　　　　　　　　　　　B. 水泥黏土砂浆
   C. 水泥电石砂浆　　　　　　　　　D. 水泥石灰

11. 民用住宅装饰洗面器多采用（　　）。
   A. 壁挂式　　　　　　　　　　　　B. 立柱式
   C. 台式　　　　　　　　　　　　　D. 柜式

12. 下列保温材料中，吸水性最强的是（　　）。
   A. 改性酚醛泡沫塑料　　　　　　　B. 玻璃棉制品
   C. 聚氨酯泡沫塑料　　　　　　　　D. 聚苯乙烯泡沫塑料

13. 当建筑场地施工控制网为方格网或轴线形式时，放线最为方便的方法是（　　）。
   A. 直角坐标法　　　　　　　　　　B. 极坐标法
   C. 角度前方交汇法　　　　　　　　D. 距离交汇法

14. 不宜用于填土层的降水方法是（　　）。
   A. 电渗井点　　　　　　　　　　　B. 轻型井点
   C. 喷射井点　　　　　　　　　　　D. 降水管井

15. 无支护结构的基坑挖土方案是（　　）。
   A. 中心岛式挖土　　　　　　　　　B. 放坡挖土
   C. 盆式挖土　　　　　　　　　　　D. 逆作法挖土

16. 关于大体积混凝土基础施工要求的说法，正确的是（　　）。
   A. 当采用跳仓法时，跳仓的最大分块单向尺寸不宜大于50m
   B. 混凝土整体连续浇筑时，浇筑层厚度宜为300~500mm
   C. 保湿养护持续时间不少于7d
   D. 当混凝土表面温度与环境最大温差小于30℃时，可全部拆除

17. 砖砌体工程的砌筑方法通常采用（　　）。
   A. 挤浆法　　　　　　　　　　　　B. 刮浆法
   C. 满口灰法　　　　　　　　　　　D. "三一"砌筑法

18. 宜采用立式运输预制构件的是（　　）。
   A. 外墙板　　　　　　　　　　　　B. 叠合板
   C. 楼梯　　　　　　　　　　　　　D. 阳台

19. 受持续振动的地下工程防水不应采用（　　）。
   A. 防水混凝土　　　　　　　　　　B. 水泥砂浆防水层
   C. 卷材防水层　　　　　　　　　　D. 涂料防水层

20. 幕墙石材与金属挂件之间的粘结应采用（　　）。
   A. 环氧胶粘剂　　　　　　　　　　B. 云石胶
   C. 耐候密封胶　　　　　　　　　　D. 硅酮结构密封胶

二、**多项选择题**（共10题，每题2分。每题的备选项中，有2个或2个以上符合题意，至少有1个错项。错选，本题不得分；少选，所选的每个选项得0.5分）

21. 建筑设计应符合的原则要求有（　　）。
   A. 符合总体规划要求　　　　　　　B. 满足建筑功能要求
   C. 具有良好的经济效益　　　　　　D. 研发建筑技术

E. 考虑建筑美观要求

22. 墙体防水、防潮规定正确的有（　　）。
A. 砌筑墙体应在室外地面以上设置连续的水平防水层
B. 砌筑墙体应在室内地面垫层处设置连续的水平防潮层
C. 有防潮要求的室内墙面迎水面应设防潮层
D. 有防水要求的室内墙面迎水面应采取防水措施
E. 有配水点的墙面应采取防潮措施

23. 混凝土结构最小截面尺寸正确的有（　　）。
A. 矩形截面框架梁的截面宽度不应小于200mm
B. 矩形截面框架柱的边长不应小于300mm
C. 圆形截面柱的直径不应小于300mm
D. 高层建筑剪力墙的截面厚度不应小于140mm
E. 现浇钢筋混凝土实心楼板的厚度不应小于80mm

24. 钢结构承受动荷载且需进行疲劳验算时，严禁使用（　　）接头。
A. 塞焊
B. 槽焊
C. 电渣焊
D. 气电立焊
E. 坡口焊

25. 关于地下连续墙施工要求，正确的有（　　）。
A. 地下连续墙单元槽段长度宜为8~10m
B. 导墙高度不应小于1.0m
C. 应设置现浇钢筋混凝土导墙
D. 水下混凝土应采用导管法连续浇筑
E. 混凝土达到设计强度后方可进行墙底注浆

26. 关于抹灰工程的做法，正确的有（　　）。
A. 室内抹灰的环境温度一般不低于0℃
B. 当抹灰总厚度≥35mm时，应采取加强措施
C. 防开裂的加强网与各基体的搭接宽度不应小于50mm
D. 内墙普通抹灰层平均总厚度不大于20mm
E. 内墙高级抹灰层平均总厚度不大于25mm

27. 下列行为中，属于施工单位违反民用建筑节能规定的有（　　）。
A. 未对进入施工现场的保温材料进行查验
B. 使用不符合施工图设计要求的墙体材料
C. 使用列入禁止使用目录的施工工艺
D. 明示或暗示设计单位违反民用建筑节能强制性标准进行设计
E. 墙体保温工程施工时未进行旁站和平行检验

28. 危大工程专家论证的主要内容有（　　）。
A. 专项方案内容是否完整、可行
B. 专项方案计算书和验算依据、施工图是否符合有关标准规范
C. 专项施工方案是否满足现场实际情况，并能够确保施工安全
D. 专项方案的经济性
E. 分包单位资质是否满足要求

29. 单、多层民用建筑内部墙面装饰材料的燃烧性能要求不低于 A 级的有（　　）。
   A. 候机楼的候机大厅   B. 商店营业厅
   C. 餐饮场所           D. 幼儿园
   E. 宾馆客房

30. 民用建筑室内装修工程设计正确的有（　　）。
   A. 保温材料采用脲醛树脂泡沫塑料
   B. 饰面板采用聚乙烯醇缩甲醛类胶粘剂
   C. 墙面采用聚乙烯醇水玻璃内墙涂料
   D. 木地板采用水溶性防护剂
   E. Ⅰ类民用建筑塑料地板采用水基型胶粘剂

三、实务操作和案例分析题（共 5 题，（一）、（二）、（三）题各 20 分，（四）、（五）题各 30 分）

（一）

【背景资料】

某新建住宅小区，单位工程分别为地下 2 层，地上 9~12 层，总建筑面积 15.5 万 m²。各单位为贯彻落实《建设工程质量检测管理办法》（住房和城乡建设部令第 57 号）要求，在工程施工质量检测管理中做了以下工作：

（1）建设单位委托具有相应资质的检测机构负责本工程质量检测工作。

（2）监理工程师对混凝土试件制作与送样进行了见证。试验员如实记录了其取样、现场检测等情况，制作了见证记录。

（3）混凝土试样送检时，试验员向检测机构填报了检测委托单。

（4）总包项目部按照建设单位要求，每月向检测机构支付当期检测费用。

地下室混凝土模板拆除后，发现混凝土墙体、楼板面存在蜂窝、麻面、露筋、裂缝、孔洞和层间错台等质量缺陷。质量缺陷图片资料详如图 1~图 6 所示。项目按要求制定了质量缺陷处理专项方案，按照"凿除孔洞松散混凝土……剔除多余混凝土"的工艺流程进行孔洞质量缺陷治理。

图 1　　　　　图 2　　　　　图 3

图 4　　　　　图 5　　　　　图 6

项目部编制的基础底板混凝土施工方案中确定了底板混凝土后浇带留设的位置，明确了后浇带处的基础垫层、卷材防水层、防水加强层、防水找平层、防水保护层、止水钢板、外贴止水带等防水构造要求如图7所示。

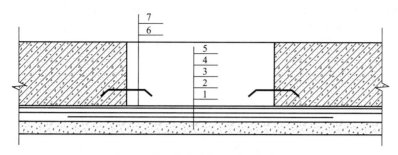

图7　后浇带防水构造图（部分）

【问题】
1. 指出工程施工质量检测管理工作中的不妥之处，并写出正确做法。（本题有2项不妥，多答不得分）混凝土试件制作与取样见证记录内容还有哪些？
2. 写出图1~图6显示的质量缺陷名称。（表示为图1-麻面）
3. 写出图7中防水构造层编号的构造名称。（表示为1-基础垫层）
4. 补充完整混凝土表面孔洞质量缺陷处理工艺流程内容。

## （二）

**【背景资料】**

某新建商品住宅项目，建筑面积 2.4 万 $m^2$，地下 2 层，地上 16 层，由两栋结构类型与建筑规模完全相同的单体建筑组成。总承包项目部进场后，绘制了项目进度计划网络图，如图 8 所示。

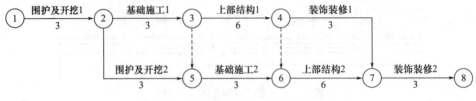

图 8　项目进度计划网络图（月）

项目部针对四个施工过程拟采用四个专业施工队组织流水施工，各施工过程的流水节拍，见表 1。

表 1　流水节拍表（部分）

| 施工过程编号 | 施工过程 | 流水节拍（月） |
| --- | --- | --- |
| Ⅰ | 围护及开挖 | 3 |
| Ⅱ | 基础施工 |  |
| Ⅲ | 上部结构 |  |
| Ⅳ | 装饰装修 | 3 |

建设单位要求缩短工期，项目部决定增加相应的专业施工队，组织成倍节拍流水施工。

项目部编制了施工检测试验计划，部分检测试验内容，见表 2。由于工期缩短，施工进度计划调整，监理工程师要求对检测试验计划进行调整。

表 2　施工过程质量检测试验主要内容（部分）

| 类别 | 检测试验项目 | 主要检测试验参数 |
| --- | --- | --- |
| 地基与基础 | 桩基 | A |
|  |  | 桩身完整性 |
| 钢筋连接 | 机械连接现场检验 | B |
| 砌筑砂浆 | C | 强度等级、稠度 |
| 装饰装修 | 饰面砖粘贴 | D |

项目部编制了雨期施工专项方案，内容包括：
（1）袋装水泥堆放于仓库地面；
（2）浇筑板、墙、柱混凝土时可适当减小坍落度；
（3）室外露天采光井采用编织布覆盖固定；
（4）砌体每日砌筑高度不超过 1.5m；
（5）抹灰基层涂刷水性涂料时，含水率不得大于 10%。

项目主体结构完成后，总监理工程师组织施工单位项目负责人等对主体结构分部工程进行验收。验收时发现部分同条件养护试件强度不符合要求，经协商，采用回弹-取芯法对该批次对应的混凝土进行实体强度检验。

【问题】

1. 写出图 8 的关键线路（采用节点方式表达，如①→②）和总工期。写出表 1 中基础施工和上部结构的流水节拍。分别计算成倍节拍流水的流水步距、专业施工队数和总工期。

2. 写出表 2 中 A、B、C、D 处的内容。除了施工进度调整外，还有哪些情况需要调整施工检测试验计划？

3. 指出雨期施工专项方案中的不妥之处，并写出正确做法。（本小题有 3 项不妥，多答不得分）

4. 主体结构工程的分部工程验收还应有哪些人员参加？结构实体检验除混凝土强度外还有哪些项目？

## （三）

**【背景资料】**

某施工企业中标新建一办公楼工程，地下2层，地上28层，钢筋混凝土灌注桩基础，上部为框架剪力墙结构，建筑面积28600m²。

项目部在开工后编制了项目质量计划，内容包括质量目标和要求、管理组织体系及管理职责、质量控制点等，并根据工程进展实施静态管理。其中，设置质量控制点的关键部位和环节包括：影响施工质量的关键部位和环节；影响使用功能的关键部位和环节；采用新材料、新设备的部位和环节等。

桩基施工完成后，项目部采用高应变法按要求进行了工程桩桩身完整性检测，其抽检数量按照相关标准规定选取。

钢筋施工专项技术方案中规定：采用专用量规等检测工具对钢筋直螺纹加工和安装质量进行检测；纵向受力钢筋采用机械连接或焊接接头时的接头面积百分率等要求如下：

（1）受拉接头不宜大于50%；

（2）受压接头不宜大于75%；

（3）直接承受动力荷载的结构构件不宜采用焊接；

（4）直接承受动力荷载的结构构件采用机械连接时，不宜超过50%。

项目部质量员在现场发现屋面卷材有流淌现象，经质量分析讨论，对产生屋面卷材流淌现象的原因分析如下：

（1）胶结料耐热度偏低；

（2）找平层的分格缝设置不当；

（3）胶结料粘结层过厚；

（4）屋面板因温度变化产生胀缩；

（5）卷材搭接长度太小。

针对原因分析，整改方案采用钉钉子法：在卷材上部离屋脊200~350mm范围内钉一排20mm长圆钉，钉眼涂防锈漆。

监理工程师认为屋面卷材流淌现象的原因分析和钉钉子法的做法存在不妥，要求修改。

**【问题】**

1. 指出工程质量计划编制和管理中的不妥之处，并写出正确做法。工程质量计划中应设置质量控制点的关键部位和环节还有哪些？

2. 灌注桩桩身完整性检测方法还有哪些？桩身完整性抽检数量的标准规定有哪些？

3. 指出钢筋连接接头面积百分率等要求中的不妥之处，并写出正确做法。（本问题有2项不妥，多答不得分）现场钢筋直螺纹接头加工和安装质量检测专用工具还有哪些？

4. 写出屋面卷材流淌原因分析中的不妥项（本问题有3项不妥，多答不得分）。写出钉钉子法的正确做法。

## （四）

**【背景资料】**

某施工单位承接一工程，双方按《建设项目工程总承包合同（示范文本）》GF—2020—0216 签订了工程总承包合同。合同部分内容：质量为合格，工期 6 个月，按月度完成量的 85% 支付进度款，总价包干。分部分项工程费，见表 3。

表 3　分部分项工程费

| 设备 | 工程量 | 综合单价 | 费用（万元） |
|---|---|---|---|
| A | 9000m³ | 2000 元/m³ | 1800 |
| B | 12000m³ | 2500 元/m³ | 3000 |
| C | 15000m² | 2200 元/m² | 3300 |
| D | 4000m² | 3000 元/m² | 1200 |

措施费为分部分项工程费的 16%，安全文明施工费为分部分项工程费的 6%，其他项目费用包括：暂列金额为 100 万元；分包专业工程暂估价 200 万元；另计总包服务费 5%。规费费率为 2.05%，增值税税率为 9%。

工程某施工设备从以下三种型号中选择，设备每天使用时间均为 8h。设备相关信息见表 4。

表 4　三种型号设备相关信息

| 设备 | 固定费用（元/d） | 可变费用（元/h） | 单位时间产量（m³/h） |
|---|---|---|---|
| E | 3200 | 560 | 120 |
| F | 3800 | 785 | 180 |
| G | 4200 | 795 | 220 |

施工单位进场后，技术人员发现土建图纸中缺少了建筑总平面图，要求建设单位补发。按照施工平面管理总体要求：包括满足施工要求、不损害公众利益等内容，绘制了施工平面布置图，满足了施工需要。

施工单位为保证施工进度，针对编制的劳动力需求计划，综合考虑现有工程量、劳动力投入量、劳动效率、材料供应能力等因素，进行了钢筋加工劳动力调整。在 20d 内完成了 3000t 钢筋加工制作任务，满足了施工进度要求。

**【问题】**

1. 通常情况下，一套完整的建筑工程土建施工图纸由哪几部分组成？
2. 除质量标准、工期、工程价款与支付方式外，签订合同签约价时还应明确哪些事项？
3. 建筑工程施工平面管理的总体要求还有哪些？
4. 分别计算签约合同价中的项目措施费、安全文明施工费、签约合同价各是多少万元？（计算结果四舍五入取整数）
5. 用单位工程量成本比较法列式计算选用哪种型号的设备［计算公式：$C=(R+F \times x)/(Q \times x)$］。除考虑经济性外，施工机械设备选择原则还有哪些？
6. 如果每人每个工作日的劳动效率为 5t，完成钢筋加工制作投入的劳动力是多少人？编制劳动力需求计划时需要考虑的因素还有哪些？

（五）

【背景资料】
某新建学校工程，总建筑面积 12.5 万 m²，由 12 栋单体建筑组成。其中主教学楼为钢筋混凝土框架结构，体育馆屋盖为钢结构。合同要求工程达到绿色建筑三星标准。施工单位中标后，与甲方签订合同并组建了项目部。

项目部安全检查制度规定了安全检查主要形式包括：日常巡查、专项检查、经常性安全检查、设备设施安全验收检查等。其中经常性安全检查方式主要有：专职安全人员的每天安全巡检；项目经理等专业人员检查生产工作时的安全检查；作业班组按要求时间进行安全检查等。

项目部在塔式起重机布置时充分考虑了吊装构件重量、运输和堆放、使用后拆除和运输等因素。按照《建筑工程安全检查标准》中"塔式起重机"的载荷限制装置、吊钩、滑轮、卷筒与钢丝绳、验收与使用等保证项目和结构设施等一般项目进行了检查验收。

屋盖钢结构施工高处作业安全专项方案规定如下：
（1）钢结构构件宜地面组装，安全设施一并设置。
（2）坠落高度超过 2m 的安装使用梯子攀登作业。
（3）施工层搭设的水平通道不设置防护栏杆。
（4）作为水平通道的钢梁一侧两端头设置安全绳。
（5）安全防护采用工具化、定型化设施，防护盖板用黄色或红色标示。

施工单位管理部门在装修阶段对现场施工用电进行专项检查情况如下：
（1）项目仅按照项目临时用电施工组织设计进行施工用电管理。
（2）现场瓷砖切割机与砂浆搅拌机共用一个开关箱。
（3）主教学楼一开关箱使用插座插头与配电箱连接。
（4）专业电工在断电后对木工加工机械进行检查和清理。

工程竣工后，项目部组织专家对整体工程进行绿色建筑评价，评分结果见表 5，专家提出资源节约项和提高与创新加分项评分偏低，为主要扣分项，建议重点整改。

表 5 绿色建筑评分结果表（部分）

| 评价内容 | 控制项基础分值 | 评价指标 | | | 资源节约 | | | 提高加分项 |
|---|---|---|---|---|---|---|---|---|
| 评价分值 | 400 | 100 | 100 | 100 | 200 | 100 | | 100 |
| 评价得分 | 400 | 90 | 70 | 80 | 80 | 70 | | 40 |

【问题】
1. 建筑工程施工安全检查的主要形式还有哪些？作业班组安全检查的时间有哪些？
2. 施工现场布置塔式起重机时应考虑的因素还有哪些？安全检查标准中塔式起重机的一般项目有哪些？
3. 指出钢结构施工高处作业安全防护方案中的不妥之处，并写出正确做法（本问题有 3 项不妥，多答不得分）。安全防护栏杆的条纹警戒标示用什么颜色？
4. 指出装修阶段施工用电专项安全检查中的不妥之处，并写出正确做法（本问题有 3 项不妥，多答不得分）。
5. 写出表 5 中绿色建筑评价指标空缺评分项，计算绿色建筑评价总得分，并判断是否满足绿色三星标准？

# 2023年度真题参考答案及解析

## 一、单项选择题

| | | | | |
|---|---|---|---|---|
| 1. C; | 2. D; | 3. C; | 4. A; | 5. C; |
| 6. D; | 7. B; | 8. D; | 9. C; | 10. A; |
| 11. C; | 12. B; | 13. A; | 14. D; | 15. B; |
| 16. B; | 17. D; | 18. A; | 19. B; | 20. A。 |

【解析】

1. C。本题考核的是建筑的分类。公共建筑主要是指供人们进行各种公共活动的建筑，包括行政办公建筑、文教建筑、科研建筑、医疗建筑、商业建筑等。

2. D。本题考核的是楼梯的建筑构造。室外疏散楼梯和每层出口处平台，均应采取不燃材料制作，故选项 A 错误。平台的耐火极限不应低于 1h，楼梯段的耐火极限应不低于 0.25h，故选项 B 错误。在楼梯周围 2m 内的墙面上，除疏散门外，不应设其他门窗洞口。疏散门不应正对楼梯段，故选项 C 错误。疏散出口的门应采用乙级防火门，且门必须向外开，并不应设置门槛，故选项 D 正确。

3. C。本题考核的是屋面、楼面的建筑构造。幼儿园建筑中乳儿室、活动室、寝室及音体活动室宜为暖性、弹性地面。幼儿经常出入的通道应为防滑地面。

4. A。本题考核的是建筑装修材料的连接与固定。龙骨在短向跨度上应根据材质适当起拱。

5. C。本题考核的是结构的功能要求。安全性包括：当发生火灾时，结构应在规定的时间内保持承载力和整体稳固性。

6. D。本题考核的是作用（荷载）的分类。间接作用，指在结构上引起外加变形和约束变形的其他作用，例如温度作用、混凝土收缩、徐变等。

7. B。本题考核的是砌体结构工程。轻骨料混凝土小型空心砌块或加气混凝土砌块墙如无切实有效措施，不得使用于下列部位：（1）建筑物防潮层以下墙体；（2）长期浸水或化学侵蚀环境；（3）长期处于有振动源环境的墙体；（4）砌体表面温度高于 80℃ 的部位。

8. D。本题考核的是整体化安装。整体化安装是装配式装饰的重要表现形式。

9. C。本题考核的是混凝土组成材料的技术要求。用低强度等级水泥配制高强度等级混凝土时，会使水泥用量过大、不经济，而且还会影响混凝土的其他技术性质。

10. A。本题考核的是砂浆的种类及强度等级。水泥砂浆强度高、耐久性好，但流动性、保水性均稍差，一般用于房屋防潮层以下的砌体或对强度有较高要求的砌体。

11. C。本题考核的是建筑卫生陶瓷。洗面器分为壁挂式、立柱式、台式、柜式，民用住宅装饰多采用台式。

12. B。本题考核的是常用保温材料。玻璃棉制品的吸水性强，不宜露天存放，室外工程不宜在雨天施工，否则应采取防水措施。

13. A。本题考核的是施工测量的方法。当建筑场地的施工控制网为方格网或轴线形式时，采用直角坐标法放线最为方便。

14．D。本题考核的是降水施工技术。只有降水管井不宜用于填土，但又适合于碎石土和黄土。

15．B。本题考核的是土方开挖。深基坑工程的挖土方案，主要有放坡挖土、中心岛式（也称墩式）挖土、盆式挖土和逆作法挖土。前者无支护结构，后三种皆有支护结构。

16．B。本题考核的是大体积混凝土工程。当采用跳仓法时，跳仓的最大分块单向尺寸不宜大于 40m，跳仓间隔施工的时间不宜小于 7d，故选项 A 错误。

混凝土浇筑层厚度应根据所用振捣器作用深度及混凝土的和易性确定，整体连续浇筑时宜为 300~500mm，振捣时应避免过振和漏振，故选项 B 正确。

保湿养护持续时间不宜少于 14d，故选项 C 错误。

保温覆盖层拆除应分层逐步进行，当混凝土表面温度与环境最大温差<20℃时，可全部拆除，故选项 D 错误。

17．D。本题考核的是砖砌体工程。砌筑方法有"三一"砌筑法、挤浆法（铺浆法）、刮浆法和满口灰法四种。通常宜采用"三一"砌筑法，即一铲灰、一块砖、一揉压的砌筑方法。

18．A。本题考核的是预制构件生产、吊运与存放。外墙板宜采用立式运输，外饰面层应朝外，梁、板、楼梯、阳台宜采用水平运输。

19．B。本题考核的是水泥砂浆防水层施工。水泥砂浆防水层可用于地下工程主体结构的迎水面或背水面，不应用于受持续振动或温度高于 80℃的地下工程防水。

20．A。本题考核的是建筑幕墙工程。石材与金属挂件之间的粘结应用环氧胶粘剂，不得采用"云石胶"。

## 二、多项选择题

21. A、B、C、E；　　22. B、C、D；　　23. A、B、E；
24. A、B、C、D；　　25. C、D、E；　　26. B、D、E；
27. A、B、C；　　　　28. A、B、C；　　29. A、D；
30. D、E。

【解析】

21．A、B、C、E。本题考核的是建筑设计要求。建筑设计除了应满足相关的建筑标准、规范等要求之外，原则上还应符合以下要求：满足建筑功能要求、符合总体规划要求、采用合理的技术措施、考虑建筑美观要求、具有良好的经济效益。

22．B、C、D。本题考核的是墙体的建筑构造与细部构造。墙体防潮、防水应符合下列规定：

（1）砌筑墙体应在室外地面以上、室内地面垫层处设置连续的水平防潮层，室内相邻地面有高差时，应在高差处贴邻土壤一侧加设防潮层；

（2）有防潮要求的室内墙面迎水面应设防潮层，有防水要求的室内墙面迎水面应采取防水措施；

（3）有配水点的墙面应采取防水措施。

23．A、B、E。本题考核的是混凝土结构最小截面尺寸的规定。圆形截面柱的直径不应小于 350mm，故选项 C 错误。高层建筑剪力墙的截面厚度不应小于 160mm，多层建筑剪力墙的截面厚度不应小于140mm，故选项D错误。

24. A、B、C、D。本题考核的是钢结构工程。钢结构承受动荷载且需进行疲劳验算时，严禁使用塞焊、槽焊、电渣焊和气电立焊接头。

25. C、D、E。本题考核的是深基坑支护。地下连续墙单元槽段长度宜为4~6m，故选项A错误。导墙高度不应小于1.2m，故选项B错误。应设置现浇钢筋混凝土导墙，故选项C正确。水下混凝土应采用导管法连续浇筑，故选项D正确。混凝土达到设计强度后方可进行墙底注浆，故选项E正确。

26. B、D、E。本题考核的是抹灰工程施工工艺。室内抹灰，块料装饰工程施工与养护期间的温度不应低于5℃，故选项A错误。非常规抹灰的加强措施：当抹灰总厚度大于或等于35mm时，应采取加强措施。不同材料基体交接处表面的抹灰，应采取防止开裂的加强措施，故选项B正确。当采用加强网时，加强网与各基体的搭接宽度不应小于100mm，加强网应绷紧、钉牢，故选项C错误。内墙普通抹灰层平均总厚度不大于20mm，故选项D正确。内墙高级抹灰层平均总厚度不大于25mm，故选项E正确。

27. A、B、C。本题考核的是新建民用建筑节能的规定。
（1）施工单位应当对进入施工现场的墙体材料、保温材料、门窗、采暖制冷系统和照明设备进行查验；不符合施工图设计文件要求的，不得使用；
（2）建设单位不得明示或者暗示设计单位、施工单位违反民用建筑节能强制性标准进行设计、施工，不得明示或者暗示施工单位使用不符合施工图设计文件要求的墙体材料、保温材料、门窗、采暖制冷系统和照明设备；
（3）墙体、屋面的保温工程施工时，监理工程师应当按照工程监理规范的要求，采取旁站、巡视和平行检验等形式实施监理。

28. A、B、C。本题考核的是危大工程专项施工方案。专家论证的主要内容：
（1）专项施工方案内容是否完整、可行；
（2）专项施工方案计算书和验算依据、施工图是否符合有关标准规范；
（3）专项施工方案是否满足现场实际情况，并能够确保施工安全。

29. A、D。本题考核的是民用建筑。商店营业厅墙面装饰材料的燃烧性能要求不低于$B_1$级；餐饮场所墙面装饰材料的燃烧性能要求不低于$B_1$级；宾馆客房墙面装饰材料的燃烧性能要求不低于$B_1$级。

30. D、E。本题考核的是工程设计。民用建筑工程中，不应在室内采用脲醛树脂泡沫塑料作为保温、隔热和吸声材料，故选项A错误。民用建筑工程室内装修时，不应采用聚乙烯醇缩甲醛类胶粘剂，故选项B错误。民用建筑工程室内装修时，不应采用聚乙烯醇水玻璃内墙涂料、聚乙烯醇缩甲醛内墙涂料和树脂以硝化纤维素为主、溶剂以二甲苯为主的水包油型（O/M）多彩内墙涂料，故选项C错误。

## 三、实务操作和案例分析题

（一）

1. 工程施工质量检测管理工作中的不妥之处及正确做法：
（1）不妥之处1：试验员制作了见证记录。
正确做法：应由监理工程师制作见证记录。
（2）不妥之处2：总包项目部按照建设单位要求，每月向检测机构支付当期检测费用。

正确做法：建设单位应当在编制工程概预算时合理核算建设工程质量检测费用，单独列支并按照合同约定及时支付。

混凝土试件制作与取样见证记录内容还有：制样、标识、封志、送检等情况。

2. 图1~图6显示的质量缺陷名称：

图1-麻面；图2-裂缝；图3-房间错台；图4-露筋；图5-孔洞；图6-蜂窝。

3. 图7中防水构造层编号的构造名称：

1-基础垫层；2-防水找平层；3-防水加强层；4-卷材防水层；5-防水保护层；6-外贴止水带；7-止水钢板。

4. 补充完整混凝土表面孔洞质量缺陷处理工艺流程内容：

凿除孔洞松散混凝土-冲洗孔洞-安装喇叭口模板-洒水湿润-浇灌细石混凝土-养护不少于7d-拆模-剔除多余混凝土。

（二）

1.（1）关键线路：①→②→③→④→⑥→⑦→⑧。

总工期：3+3+6+6+3=21个月。

(2) 基础施工流水节拍：3个月；上部结构流水节拍：6个月。

(3) 流水步距：$K=\min(3,3,6,3)=3$个月。

确定专业施工队数：$b_1=3/3=1$；$b_2=3/3=1$；$b_3=6/3=2$；$b_4=3/3=1$。

专业施工队总数=1+1+2+1=5。

总工期=$(M+N-1)K=(2+5-1)\times3=18$个月。

2.（1）A：承载力；B：抗拉强度；C：配合比设计；D：粘结强度。

(2) 调整施工检测试验计划的情况还有：设计变更，施工工艺改变，材料和设备的规格、型号和数量改变。

3. 雨期施工专项方案中的不妥之处及正确做法：

（1）不妥之处1：袋装水泥堆放于仓库地面。

正确做法：袋装水泥底层架空通风，四周有排水沟。

（2）不妥之处2：室外露天采光井采用编织布覆盖固定。

正确做法：室外露天采光井全部用盖板盖严并固定，同时铺上塑料薄膜。

（3）不妥之处3：砌体每日砌筑高度不超过1.5m。

正确做法：每日砌筑高度不得超过1.2m。

4.（1）主体结构工程的分部工程验收还应有：设计单位项目负责人、施工单位技术部门负责人、施工单位质量部门负责人、施工单位项目技术负责人。

（2）结构实体检验项目还有：钢筋保护层厚度、结构位置与尺寸偏差以及合同约定的项目；必要时可检验其他项目。

（三）

1.（1）工程质量计划编制和管理中的不妥之处及正确做法：

不妥之处1：项目部在开工后编制了项目质量计划。

正确做法：项目质量计划应在开工前编制。

不妥之处2：根据工程进展实施静态管理。

正确做法：根据工程进展实施动态管理。

(2) 工程质量计划中应设置质量控制点的关键部位和环节还有：
① 影响结构安全的关键部位、关键环节；
② 采用新技术、新工艺的部位和环节；
③ 隐蔽工程验收。

2.（1）灌注桩桩身完整性检测方法还有：钻芯法、低应变法、声波透射法。

(2) 桩身完整性抽检数量的标准规定：抽检数量不应少于总桩数的20%，且不应少于10根。每根柱子承台下的桩抽检数量不应少于1根。

3.（1）钢筋连接接头面积百分率等要求中的不妥之处及正确做法：

不妥之处1：受压接头不宜大于75%。

正确做法：受压接头可不受限制。

不妥之处2：直接承受动力荷载的结构构件采用机械连接时，不宜超过50%。

正确做法：直接承受动力荷载的结构构件采用机械连接时，不应超过50%。

(2) 现场钢筋直螺纹接头加工和安装质量检测专用工具还有：通规、止规、扭力扳手。

4. 屋面卷材流淌原因分析中的不妥项：

不妥之处1：找平层的分格缝设置不当。

不妥之处2：屋面板因温度变化产生胀缩。

不妥之处3：卷材搭接长度太小。

当施工后不久，卷材有下滑趋势时，可在卷材的上部离屋脊300~450mm范围内钉三排50mm长圆钉，钉眼上灌胶结料。

## （四）

1. 一套完整的建筑工程土建施工图纸的组成部分：图纸目录、设计说明、建筑图纸、结构图纸和总平面图。

2. 签订合同签约价时还应明确：(1) 采用固定价格应注意明确包死价的种类；(2) 采用固定价格必须把风险范围约定清楚；(3) 应当把风险费用的计算方法约定清楚；(4) 竣工结算方式和时间的约定；(5) 违约条款。

3. 建筑工程施工平面管理的总体要求还有：现场文明、安全有序、整洁卫生、不扰民、绿色环保。

4. 分部分项工程费：$1800+3000+3300+1200=9300$ 万元。

措施项目费：$9300×16\%=1488$ 万元。

安全文明施工费：$9300×6\%=558$ 万元。

签约合同价：$[9300+1488+(100+200+200×5\%)]×(1+2.05\%)×(1+9\%)=12345$ 万元。

5.（1）设备E的成本：$(3200+560×8)/(120×8)=8$ 元/$m^3$。

设备F的成本：$(3800+785×8)/(180×8)=7$ 元/$m^3$。

设备G的成本：$(4200+795×8)/(220×8)=6$ 元/$m^3$。

G设备单位工程量成本最低，应选用设备G。

(2) 除考虑经济性外，施工机械设备选择原则还有：适应性、高效性、稳定性和安全性。

6.（1）完成钢筋加工制作投入的劳动力：$3000/(5×20)=30$ 人。

(2) 编制劳动力需求计划时需要考虑的因素还有：持续时间、班次、每班工作时间、设备能力、交叉施工、气候。

（五）

1. （1）安全检查的主要形式还有：定期安全检查；季节性安全检查；节假日安全检查；开工、复工安全检查；专业性安全检查等。

（2）作业班组安全检查的时间：班前、班中、班后。

2. （1）施工现场布置塔式起重机时应考虑的因素还有：基础设置、周边环境、覆盖范围，同时还应考虑塔式起重机的附墙杆件位置、距离。

（2）一般项目有：结构设施、附着、基础与轨道、电气安全。

3. （1）钢结构施工高处作业安全防护方案中的不妥之处与正确做法：

不妥之处1：坠落高度超过2m的安装使用梯子攀登作业

正确做法：钢结构安装时，应使用梯子或其他登高设施攀登作业。坠落高度超过2m时，应设置操作平台。

不妥之处2：施工层搭设的水平通道未设置防护栏杆。

正确做法：钢结构安装施工宜在施工层搭设水平通道，水平通道两侧应设置防护栏杆。

不妥之处3：作为水平通道的钢梁一侧两端头设置安全绳。

正确做法：当利用钢梁作为水平通道时，应在钢梁一侧设置连续的安全绳。

（2）安全防护栏杆的条纹警戒标示用黑黄或红白相间的条纹标示。

4. 装修阶段施工用电专项安全检查中的不妥之处与正确做法：

不妥之处1：项目仅按照项目临时用电施工组织设计进行施工用电管理。

正确做法：装饰装修工程，应补充编制专项施工用电方案。

不妥之处2：现场瓷砖切割机与砂浆搅拌机共用一个开关箱。

正确做法：用电设备必须有专用的开关箱，严禁2台及以上设备共用一个开关箱。

不妥之处3：主教学楼-开关箱使用插座插头与配电箱连接。

正确做法：开关箱的电源进线端严禁采用插头和插座做活动连接。

5. （1）绿色建筑评价指标空缺评分项：安全耐久、健康舒适、生活便利、环境宜居。

（2）绿色建筑评价总得分：（400+90+70+80+80+70+40）/10＝83分。

（3）总得分未达到85分，不满足绿色三星标准。

# 2022年度全国一级建造师执业资格考试

## 《建筑工程管理与实务》

## 真题及解析

学习遇到问题？
扫码在线答疑

## 2022年度《建筑工程管理与实务》真题

一、单项选择题（共20题，每题1分。每题的备选项中，只有1个最符合题意）

1. 下列建筑属于大型性建筑的是（　　）。
   A. 学校            B. 医院
   C. 航空港          D. 商店

2. 墙面整体装修层必须考虑温度的影响，作（　　）处理。
   A. 分缝            B. 保温
   C. 防结露          D. 隔热

3. 刚性防水屋面应有（　　）措施。
   A. 抗裂            B. 隔声
   C. 防火            D. 防风

4. 预应力混凝土楼板结构的混凝土最低强度等级不应低于（　　）。
   A. C25             B. C30
   C. C35             D. C40

5. 下列情形中，超出结构承载能力极限状态的是（　　）。
   A. 影响结构使用功能的局部破坏    B. 影响耐久性的局部破坏
   C. 结构发生疲劳破坏              D. 造成人员不适的振动

6. 砌体结构楼梯间抗震措施正确的是（　　）。
   A. 采取悬挑式踏步楼梯
   B. 9度设防时采用装配式楼梯段
   C. 楼梯栏板采用无筋砖砌体
   D. 出屋面楼梯间构造柱与顶部圈梁连接

7. 全预制装配式与预制装配整体式结构相比的优点是（　　）。
   A. 节省运输费用    B. 施工速度快
   C. 整体性能良好    D. 生产基地一次性投资少

8. 配置C60混凝土优先选用的是（　　）。
   A. 硅酸盐水泥      B. 矿渣水泥
   C. 火山灰水泥      D. 粉煤灰水泥

9. 改善混凝土耐久性的外加剂是（    ）。
   A. 引气剂                          B. 早强剂
   C. 泵送剂                          D. 缓凝剂
10. 导热系数最大的是（    ）。
    A. 水                             B. 空气
    C. 钢材                           D. 冰
11. 适合作烟囱施工中垂度观测的是（    ）。
    A. 水准仪                         B. 全站仪
    C. 激光水准仪                     D. 激光经纬仪
12. 增强体复合地基现场验槽应检查（    ）。
    A. 地基均匀性检测报告             B. 水土保温检测资料
    C. 桩间土情况                     D. 地基湿陷性处理效果
13. 换填地基施工做法正确的是（    ）。
    A. 在墙角下接缝                   B. 上下两层接缝距离 300mm
    C. 灰土拌合后隔日铺填夯实         D. 粉煤灰当日铺填压实
14. 宜采用绑扎搭接接头的是（    ）。
    A. 直径 28mm 受拉钢筋             B. 直径 25mm 受压钢筋
    C. 桁架拉杆纵向受力钢筋           D. 行车梁纵向受力钢筋
15. 混凝土养护要求正确的是（    ）。
    A. 现场施工一般采用加热养护
    B. 矿渣硅酸盐水泥拌制的混凝土不少于 14d
    C. 在终凝后开始养护
    D. 有抗渗要求的不少于 14d
16. 防水水泥砂浆施工做法正确的是（    ）。
    A. 采用抹压法，一遍成活           B. 上下层接槎位置错开 200mm
    C. 转角处接槎                     D. 养护时间 7d
17. 石材幕墙面板与骨架连接方式使用最多的是（    ）。
    A. 短槽式                         B. 通槽式
    C. 背栓式                         D. 钢销式
18. 保温层可在负温下施工的是（    ）。
    A. 水泥砂浆粘贴块状保温材料       B. 喷涂硬泡聚氨酯
    C. 现浇泡沫混凝土                 D. 干铺保温材料
19. 安全专项施工方案需要进行专家论证的是（    ）。
    A. 高度 24m 的落地式钢管脚手架工程
    B. 跨度 16m 的混凝土模板支撑工程
    C. 开挖深度 8m 的基坑工程
    D. 跨度 32m 的钢结构安装工程
20. 应进行防碱处理的地面面层板材是（    ）。
    A. 陶瓷地砖                       B. 大理石板
    C. 水泥花砖                       D. 人造石板块

二、多项选择题（共10题，每题2分。每题的备选项中，有2个或2个以上符合题意，至少有1个错项。错选，本题不得分；少选，所选的每个选项得0.5分）

21. 墙面涂饰必须使用耐水腻子的有（　　）。
   A. 楼梯间　　　　　　　　　　B. 厨房
   C. 卫生间　　　　　　　　　　D. 卧室
   E. 地下室

22. 砌体结构施工质量控制等级划分要素有（　　）。
   A. 现场质量管理水平　　　　　B. 砌体结构施工环境
   C. 砂浆和混凝土质量控制　　　D. 砂浆拌合工艺
   E. 砌筑工人技术等级

23. 改性沥青防水卷材的胎基材料有（　　）。
   A. 聚酯毡　　　　　　　　　　B. 合成橡胶
   C. 玻纤毡　　　　　　　　　　D. 合成树脂
   E. 纺织物

24. 基坑侧壁安全等级为一级，可采用的支护结构有（　　）。
   A. 灌注桩排桩　　　　　　　　B. 地下连续墙
   C. 土钉墙　　　　　　　　　　D. 型钢水泥土搅拌墙
   E. 水泥土重力式围护墙

25. 不能用作填方土料的有（　　）。
   A. 淤泥　　　　　　　　　　　B. 淤泥质土
   C. 有机质大于5%的土　　　　　D. 砂土
   E. 碎石土

26. 采用丙烯酸类聚合物液状胶粘剂的有（　　）。
   A. 加气混凝土隔墙　　　　　　B. 增强水泥条板隔墙
   C. 轻质混凝土条板隔墙　　　　D. 预制混凝土板隔墙
   E. GRC空心混凝土隔墙

27. 人造板幕墙的面板有（　　）。
   A. 铝塑复合板　　　　　　　　B. 搪瓷板
   C. 陶板　　　　　　　　　　　D. 纤维水泥板
   E. 微晶玻璃板

28. 混凝土预制构件钢筋套筒灌浆连接的灌浆料强度试件要求有（　　）。
   A. 每工作班应制作1组　　　　 B. 边长70.7mm立方体
   C. 每层不少于3组　　　　　　 D. 40mm×40mm×160mm长方体
   E. 同条件养护28d

29. 施工组织设计应及时修改或补充的情况有（　　）。
   A. 工程设计有重大修改　　　　B. 主要施工方法有重大调整
   C. 主要施工资源配置有重大调整　　D. 施工环境有重大改变
   E. 项目技术负责人变更

30. 墙体保温砌块进场复验的内容有（　　）。
   A. 传热系数　　　　　　　　　B. 单位面积质量

C. 抗压强度 D. 吸水率

E. 拉伸粘结强度

三、实务操作和案例分析题（共5题，（一）、（二）、（三）题各20分，（四）、（五）题各30分）

（一）

【背景资料】

新建住宅小区，单位工程地下2~3层，地上2~12层，总建筑面积12.5万 $m^2$。施工总承包项目部为落实《房屋建筑和市政基础设施工程危及生产安全施工工艺、设备和材料淘汰目录（第一批）》要求，在施工组织设计中明确了建筑工程禁止和限制使用的施工工艺、设备和材料清单，相关信息见表1。

表1 房屋建筑工程危及生产安全的淘汰施工工艺、设备和材料（部分）

| 名称 | 淘汰类型 | 限制条件和范围 | 可替代的施工工艺、设备、材料 |
| --- | --- | --- | --- |
| 现场简易制作钢筋保护层垫块工艺 | 禁止 | — | 专业化压制设备和标准模具生产垫块工艺等 |
| 卷扬机钢筋调直工艺 | 禁止 | — | E |
| 饰面砖水泥砂浆粘贴工艺 | A | C | 水泥基粘接材料、粘贴工艺等 |
| 龙门架、井架物料提升机 | B | D | F |
| 白炽灯、碘钨灯、卤素灯 | 限制 | 不得用于建设工地的生产、办公、生活等区域的照明 | G |

某配套工程地上1~3层结构柱混凝土设计强度等级C40。于2022年8月1日浇筑1F柱，8月6日浇筑2F柱，8月12日浇筑3F柱，分别留置了一组C40混凝土同条件养护试件。1F、2F、3F柱同条件养护试件在规定等效龄期内（自浇筑日起）进行抗压强度试验，其试验强度值转换成实体混凝土抗压强度评定值分别为：$38.5N/mm^2$、$54.5N/mm^2$、$47.0N/mm^2$。施工现场8月份日平均气温记录见表2。

表2 施工现场8月份日平均气温记录表

| 日期 | 1 | 2 | 3 | 4 | 5 | 6 | 7 | 8 | 9 | 10 | 11 |
| --- | --- | --- | --- | --- | --- | --- | --- | --- | --- | --- | --- |
| 日平均气温(℃) | 29 | 30 | 29.5 | 30 | 31 | 32 | 33 | 35 | 31 | 34 | 32 |
| 累计气温(℃) | 29 | 59 | 88.5 | 118.5 | 149.5 | 181.5 | 214.5 | 249.5 | 280.5 | 314.5 | 346.5 |
| 日期 | 12 | 13 | 14 | 15 | 16 | 17 | 18 | 19 | 20 | 21 | 22 |
| 日平均气温(℃) | 31 | 32 | 30.5 | 34 | 33 | 35 | 35 | 34 | 34 | 36 | 35 |
| 累计气温(℃) | 377.5 | 409.5 | 440 | 474 | 507 | 542 | 577 | 611 | 645 | 681 | 716 |
| 日期 | 23 | 24 | 25 | 26 | 27 | 28 | 29 | 30 | 31 | | |
| 日平均气温(℃) | 34 | 35 | 36 | 36 | 35 | 36 | 35 | 34 | 34 | | |
| 累计气温(℃) | 750 | 785 | 821 | 857 | 892 | 928 | 963 | 997 | 1031 | | |

项目部填充墙施工记录中留存有包含施工放线、墙体砌筑、构造柱施工、卫生间坎台施工等工序内容的图像资料，如图1~图4所示。

图 1　　　　　　　　　　　　　图 2

图 3　　　　　　　　　　　　　图 4

【问题】

1. 补充表 1 中 A~G 处的信息内容。

2. 分别写出配套工程 1F、2F、3F 柱 C40 混凝土同条件养护试件的等效龄期（d）和日平均气温累计数（℃·d）。

3. 两种混凝土强度检验评定方法是什么？1F~3F 柱 C40 混凝土实体强度评定是否合格？并写出评定理由。（合格评定系数 $\lambda_3 = 1.15$、$\lambda_4 = 0.95$）

4. 分别写出填充墙施工记录图 1~图 4 的工序内容。写出四张图片的施工顺序。（如 1-2-3-4）

## （二）

**【背景资料】**

某新建办公楼工程，地下1层，地上18层，建筑面积2.1万 $m^2$。钢筋混凝土核心筒，外框采用钢结构。

总承包项目部在工程施工准备阶段，根据合同要求编制了工程施工网络进度计划，如图5所示。在进度计划审查时，监理工程师提出在工作A和工作E中含有特殊施工技术，涉及知识产权保护，须由同一专业单位按先后顺序依次完成。项目部对原进度计划进行了调整，以满足工作A与工作E先后施工的逻辑关系。

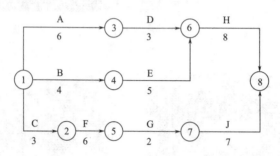

图5 施工进度计划网络图（单位：月）

外框钢结构工程开始施工时，总承包项目部质量员在巡检中发现，一种首次使用的焊接材料施焊部位存在焊缝未熔合、未焊透的质量缺陷，钢结构安装单位也无法提供其焊接工艺评定试验报告。总承包项目部要求立即暂停此类焊接材料的焊接作业，待完成焊接工艺评定后重新申请恢复作业。

工程完工后，总承包单位自检后认为：所含分部工程中有关安全、节能、环境保护和主要使用功能的检验资料完整，符合单位工程质量验收合格标准，报送监理单位进行预验收。监理工程师检查后发现部分楼层C30混凝土同条件试件缺失，不符合实体混凝土强度评定要求等问题，退回整改。

**【问题】**

1. 画出调整后的工程网络计划图。并写出关键线路（以工作表示：如 A→B→C）。调整后的总工期是多少个月？
2. 网络图的逻辑关系包括什么？网络图中虚工作的作用是什么？
3. 哪些情况需要进行焊接工艺评定试验？焊缝缺陷还有哪些类型？
4. 单位工程质量验收合格的标准有哪些？工程质量控制资料部分缺失时的处理方式是什么？

(三)

**【背景资料】**

某新建医院工程,地下2层,地上8~16层,总建筑面积11.8万 $m^2$。基坑深度9.8m,沉管灌注桩基础,钢筋混凝土结构。

施工单位在桩基础专项施工方案中,根据工程所在地含水量较小的土质特点,确定沉管灌注桩选用单打法成桩工艺。其成桩过程包括桩机就位、锤击(振动)沉管、上料等工作内容。

基础底板大体积混凝土浇筑方案确定了包括环境温度、底板表面与大气温差等多项温度控制指标,确定了温控监测点布置方式,要求沿底板厚度方向测温点间距不大于500mm。

施工作业班组在一层梁、板混凝土强度未达到拆模标准(表3)情况下,进行了部分模板拆除;拆模后,发现梁底表面出现了夹渣、麻面等质量缺陷。监理工程师要求进行整改。

表3 底模板及支架拆除的混凝土强度要求

| 构件类型 | 构件跨度(m) | 达到设计的混凝土立方体抗压强度标准的百分率(%) |
|---|---|---|
| 板 | ≤2 | ≥A |
| | >2,≤8 | ≥B |
| | >8 | ≥100 |
| 梁 | ≤8 | ≥75 |
| | >8 | ≥C |

装饰工程施工前,项目部按照图纸"三交底"的施工准备工作要求,安排工长向班组长进行了图纸、施工方法和质量标准交底;施工中,认真执行包括工序交接检查等内容的"三检制",做好质量管理工作。

**【问题】**

1. 沉管灌注桩施工除单打法外,还有哪些方法?成桩过程还有哪些内容?
2. 大体积混凝土温控指标还有哪些?沿底板厚度方向的测温点应布置在什么位置?
3. 混凝土容易出现哪些表面缺陷?写出表3中A、B、C处要求的数值。
4. 装饰工程图纸"三交底"是什么(如:工长向班组长交底)?工程施工质量管理"三检制"指什么?

## （四）

**【背景资料】**

建设单位发布某新建工程招标文件，部分条款有：发包范围为土建、水电、通风空调、消防、装饰等工程，实行施工总承包管理；投标限额为65000.00万元，暂列金额为1500万元；工程款按月度完成工作量的80%支付；质量保修金为5%，履约保证金为15%；钢材指定采购本市钢厂的产品；消防及通风空调专项工程合同金额1200.00万元，由建设单位指定发包，总承包服务费3.00%。投标单位对部分条款提出了异议。

经公开招标，某施工总承包单位中标，签订了施工总承包合同。合同价部分费用有：分部分项工程费48000.00万元，措施项目费为分部分项工程费的15%，规费费率为2.20%，增值税税率为9.00%。

施工总承包单位签订物资采购合同，购买800mm×800mm的地砖3900块，合同标的规定了地砖的名称、等级、技术标准等内容。地砖由A、B、C三地供应，相关信息见表4。

表4 地砖采购信息表

| 序号 | 货源地 | 数量（块） | 出厂价（元/块） | 其他 |
|---|---|---|---|---|
| 1 | A | 936 | 36 | |
| 2 | B | 1014 | 33 | |
| 3 | C | 1950 | 35 | |
| 合计 | | 3900 | | |

地方主管部门在检查《建筑工人实名制管理办法》落实情况时发现：个别工人没有签订劳动合同，直接进入了现场施工作业；仅对建筑工人实行了实名制管理等问题。要求项目立即整改。

**【问题】**

1. 指出招标文件中的不妥之处，分别说明理由。
2. 施工企业除施工总承包合同外，还可能签订哪些与工程相关的合同？
3. 分别计算各项构成费用（分部分项工程费、措施项目费等5项）及施工总承包合同价各是多少？（单位：万元，保留小数点后两位）
4. 分别计算地砖的每平方米用量、各地采购比重和材料原价各是多少？（原价单位：元/m²）物资采购合同中的标的内容还有哪些？
5. 建筑工人满足什么条件才能进入施工现场工作？除建筑工人外，还有哪些单位人员进入施工现场应纳入实名制管理？

## （五）

**【背景资料】**

某酒店工程，建筑面积2.5万 $m^2$，地下1层，地上12层。其中标准层10层，每层标准客房18间，$35m^2$/间；裙房设$1200m^2$宴会厅，层高9m。施工单位中标后开始组织施工。

施工单位企业安全管理部门对项目贯彻企业安全生产管理制度情况进行检查，检查内容有：安全生产教育培训、安全生产技术管理、分包（供）方安全生产管理、安全生产检查和改进等。

宴会厅施工"满堂脚手架"搭设完成自检后，监理工程师按照《建筑施工安全检查标准》JGJ 59—2011要求的保证项目和一般项目对其进行了检查，检查结果见表5。

表5 满堂脚手架检查结果（部分）

| 检查内容 | 施工方案 |  | 架体稳定 | 杆件锁件 | 脚手板 |  |  | 构配件材质 | 荷载 |  | 合计 |
|---|---|---|---|---|---|---|---|---|---|---|---|
| 满分值 | 10 | 10 | 10 | 10 | 10 | 10 | 10 | 10 | 10 | 10 | 100 |
| 得分值 | 10 | 10 | 10 | 9 | 8 | 9 | 8 | 9 | 10 | 9 | 92 |

宴会厅顶板混凝土浇筑前，施工技术人员向作业班组进行了安全专项方案交底，针对混凝土浇筑过程中，可能出现的包括浇筑方案不当使支架受力不均衡，产生集中荷载、偏心荷载等多种安全隐患形式，提出了预防措施。

标准客房样板间装修完成后，施工总承包单位和专业分包单位进行初验，其装饰材料的燃烧性能检查结果见表6。

表6 样板间装饰材料燃烧性能检查表

| 部位 | 顶棚 | 墙面 | 地面 | 隔断 | 窗帘 | 固定家具 | 其他装饰材料 |
|---|---|---|---|---|---|---|---|
| 燃烧性能等级 | $A+B_1$ | $B_1$ | $A+B_1$ | $B_2$ | $B_2$ | $B_2$ | $B_3$ |

注：$A+B_1$指A级和$B_1$级材料均有。

竣工交付前，项目部按照每层抽一间，每间取一点，共抽取10个点，占总数5.6%的抽样方案，对标准客房室内环境污染物浓度进行了检测。检测部分结果见表7。

表7 标准客房室内环境污染物浓度检测表（部分）

| 污染物 | 民用建筑 | |
|---|---|---|
|  | 平均值 | 最大值 |
| TVOC（$mg/m^3$） | 0.46 | 0.52 |
| 苯（$mg/m^3$） | 0.07 | 0.08 |

**【问题】**

1. 施工企业安全生产管理制度内容还有哪些？
2. 写出满堂脚手架检查内容中的空缺项。分别写出属于保证项目和一般项目的检查内容。
3. 混凝土浇筑过程的安全隐患主要表现形式还有哪些？

4. 改正表6中燃烧性能不符合要求部位的错误做法。装饰材料燃烧性能分几个等级？并分别写出代表含义。（如 A—不燃）

5. 写出建筑工程室内环境污染物浓度检测抽检量要求。标准客房抽样数量是否符合要求？

6. 表7的污染物浓度是否符合要求？应检测的污染物还有哪些？

# 2022年度真题参考答案及解析

## 一、单项选择题

| | | | | |
|---|---|---|---|---|
| 1. C; | 2. A; | 3. A; | 4. B; | 5. C; |
| 6. D; | 7. B; | 8. A; | 9. A; | 10. C; |
| 11. D; | 12. C; | 13. D; | 14. B; | 15. D; |
| 16. B; | 17. A; | 18. D; | 19. C; | 20. B。 |

【解析】

1. C。本题考核的是民用建筑的分类。民用建筑按规模大小可以分为大量性建筑和大型性建筑。大型性建筑是指规模宏大的建筑，如大型体育馆、大型剧院、大型火车站和航空港、大型展览馆等。大量性建筑是指量大面广，与人们生活密切相关的那些建筑，如住宅、学校、商店、医院等。

2. A。本题考核的是墙体的建筑构造。建筑主体受温度的影响而产生的膨胀收缩必然会影响墙面的装修层，凡是墙面的整体装修层必须考虑温度的影响，作分缝处理。

3. A。本题考核的是屋面的建筑构造。采用钢丝网水泥或钢筋混凝土薄壁构件的屋面板应有抗风化、抗腐蚀的防护措施；刚性防水屋面应有抗裂措施。

4. B。本题考核的是混凝土结构耐久性的要求。预应力混凝土楼板结构混凝土最低强度等级不应低于C30，其他预应力混凝土构件的混凝土最低强度等级不应低于C40。

5. C。本题考核的是工程结构设计要求。当结构或结构构件出现下列状态之一时，应认为超过了承载能力极限状态：(1) 结构构件或连接因超过材料强度而破坏，或因过度变形而不适于继续承载。(2) 整个结构或其一部分作为刚体失去平衡。(3) 结构转变为机动体系。(4) 结构或结构构件丧失稳定。(5) 结构因局部破坏而发生连续倒塌。(6) 地基丧失承载力而破坏。(7) 结构或结构构件发生疲劳破坏。

6. D。本题考核的是砌体结构楼梯间抗震措施。砌体结构楼梯间应符合下列规定：(1) 不应采用悬挑式踏步或踏步竖肋插入墙体的楼梯，8度、9度设防时不应采用装配式楼梯段。(2) 装配式楼梯段应与平台板的梁可靠连接。(3) 楼梯栏板不应采用无筋砖砌体。(4) 楼梯间及门厅内墙阳角处的大梁支承长度不应小于500mm，并应与圈梁连接。(5) 顶层及出屋面的楼梯间，构造柱应伸到顶部，并与顶部圈梁连接，墙体应设置通长拉结钢筋网片。(6) 顶层以下楼梯间墙体应在休息平台或楼层半高处设置钢筋混凝土带或配筋砖带，并与构造柱连接。

7. B。本题考核的是全预制装配式结构的优点。全预制装配式建筑的围护结构可以采用现场砌筑或浇筑，也可以采用预制墙板。它的主要优点是生产效率高，施工速度快，构件质量好，受季节性影响小，在建设量较大而又相对稳定的地区，采用工厂化生产可以取得较好的效果。预制装配整体式结构的主要优点是生产基地一次投资比全预制装配式少，适应性大，节省运输费用，便于推广。在一定条件下也可以缩短工期，实现大面积流水施工，结构的整体性良好，并能取得较好的经济效果。

8. A。本题考核的是常用水泥的选用。这是一个很重要的命题点，我们一定要掌握，考生可参考考试用书来学习。

9. A。本题考核的是外加剂的使用功能。主要分为以下四类：
（1）改善混凝土拌合物流动性的外加剂包括：各种减水剂、引气剂和泵送剂等。
（2）调节混凝土凝结时间、硬化性能的外加剂包括：缓凝剂、早强剂和速凝剂等。
（3）改善混凝土耐久性的外加剂包括：引气剂、防水剂和阻锈剂等。
（4）改善混凝土其他性能的外加剂包括：膨胀剂、防冻剂、着色剂等。

10. C。本题考核的是影响保温材料导热系数的因素。导热系数以金属最大，非金属次之，液体较小，气体更小。

11. D。本题考核的是激光经纬仪的适用范围。激光经纬仪特别适合做以下的施工测量工作：（1）高层建筑及烟囱、塔架等高耸构筑物施工中的垂度观测和准直定位；（2）结构构件及机具安装的精密测量和垂直度控制测量；（3）管道铺设及隧道、井巷等地下工程施工中的轴线测设及导向测量工作。

12. C。本题考核的是验槽应检查的内容。对于换填地基、强夯地基，应现场检查处理后的地基均匀性、密实度等检测报告和承载力检测资料。对于增强体复合地基，应现场检查桩头、桩位、桩间土情况和复合地基施工质量检测报告。对于特殊土地基，应现场检查处理后地基的湿陷性、地震液化、冻土保温、膨胀土隔水等方面的处理效果检测资料。

13. D。本题考核的是换填地基施工要求。换填地基施工时，不得在柱基、墙角及承重窗间墙下接缝；上下两层的缝距不得小于500mm，接缝处应夯压密实；灰土应拌合均匀并应当日铺填夯压，灰土夯压密实后3d内不得受水浸泡；粉煤灰垫层铺填后宜当天压实，每层验收后应及时铺填上层或封层，防止干燥后松散起尘污染，同时禁止车辆碾压通行。

14. B。本题考核的是钢筋连接。当受拉钢筋直径大于25mm、受压钢筋直径大于28mm时，不宜采用绑扎搭接接头。轴心受拉及小偏心受拉杆件（如桁架和拱架的拉杆等）的纵向受力钢筋和直接承受动力荷载结构中的纵向受力钢筋均不得采用绑扎搭接接头。

15. D。本题考核的是混凝土的养护。现场施工一般为自然养护，故选项A错误。对采用硅酸盐水泥、普通硅酸盐水泥或矿渣硅酸盐水泥拌制的混凝土，不得少于7d，故选项B错误。对已浇筑完毕的混凝土，应在混凝土终凝前（通常为混凝土浇筑完毕后8~12h内），开始进行自然养护，故选项C错误。

16. B。本题考核的是防水水泥砂浆的施工要求。防水砂浆应采用抹压法施工，分遍成活，故选项A错误。当需留槎时，上下层接槎位置应错开100mm以上，离转角200mm内不得留接槎，故选项B正确、选项C错误。防水砂浆施工环境温度不应低于5℃。终凝后应及时进行养护，养护温度不宜低于5℃，养护时间不应小于14d，故选项D错误。

17. A。本题考核的是石材幕墙面板与骨架连接方式。石材面板与骨架连接，通常有通槽式、短槽式和背栓式三种。其中通槽式较为少用，短槽式使用最多。

18. D。本题考核的是屋面保温工程施工技术要求。干铺的保温层可在负温下施工；采用沥青胶结的保温层应在气温不低于-10℃时施工；采用水泥、石灰或其他胶结料胶结的保温层应在气温不低于5℃时施工。当气温低于上述要求时，应采取保温、防冻措施。

19. C。本题考核的是安全专项施工方案的专家论证。编制专项施工方案且进行专家论证的范围：开挖深度超过5m（含5m）的基坑（槽）的土方开挖、支护、降水工程。

20. B。本题考核的是面层铺设的要求。铺设大理石、花岗石面层前，板材应进行防碱处理。结合层与板材应分段同时铺设。

## 二、多项选择题

21. B、C、E；
22. A、C、D、E；
23. A、C、E；
24. A、B、D；
25. A、B、C；
26. B、C、D；
27. C、D、E；
28. A、C、D；
29. A、B、C、D；
30. A、C、D。

【解析】

21. B、C、E。本题考核的是墙体建筑装修构造要求。厨房、卫生间、地下室墙面必须使用耐水腻子。

22. A、C、D、E。本题考核的是砌体结构工程设计规定。砌体结构施工质量控制等级应根据现场质量管理水平、砂浆和混凝土质量控制、砂浆拌合工艺、砌筑工人技术等级四个要素从高到低分为A、B、C三级，设计工作年限为50年及以上的砌体结构工程，应为A级或B级。

23. A、C、E。本题考核的是改性沥青防水卷材。改性沥青防水卷材是指以聚酯毡、玻纤毡、纺织物材料中的一种或两种复合为胎基，浸涂高分子聚合物改性石油沥青后，再覆以隔离材料或饰面材料而制成的长条片状可卷曲的防水材料。

24. A、B、D。本题考核的是深基坑支护的适用条件。灌注桩排桩支护的适用条件：基坑侧壁安全等级为一级、二级、三级。地下连续墙支护的适用条件：基坑侧壁安全等级为一级、二级、三级。土钉墙支护的适用条件：基坑侧壁安全等级为二级、三级。型钢水泥土搅拌墙支护的适用条件：基坑侧壁安全等级为一级、二级、三级。水泥土重力式围护墙支护的适用条件：基坑侧壁安全等级为二级、三级。

25. A、B、C。本题考核的是土方回填对土料的要求。填方土料应符合设计要求，保证填方的强度和稳定性。一般不能选用淤泥、淤泥质土、有机质大于5%的土、含水量不符合压实要求的黏性土。填方土应尽量采用同类土。

26. B、C、D。本题考核的是轻质隔墙板的安装要求。加气混凝土隔墙胶粘剂一般采用建筑胶聚合物砂浆；GRC空心混凝土隔墙胶粘剂一般采用建筑胶粘剂；增强水泥条板、轻质混凝土条板、预制混凝土板等则采用丙烯酸类聚合物液状胶粘剂。胶粘剂要随配随用，并应在30min内用完。

27. C、D、E。本题考核的是人造板幕墙。除了常用的玻璃、金属板等面板材料外，采用其他人造板做幕墙面板的建筑幕墙。常用的人造板幕墙有瓷板幕墙、陶板幕墙、微晶玻璃板幕墙、石材蜂窝板幕墙、木纤维板幕墙和纤维水泥板幕墙等。

28. A、C、D。本题考核的是混凝土预制构件安装与连接的主控项目要求。钢筋套筒灌浆连接及浆锚搭接连接的灌浆料强度应符合标准的规定和设计要求。每工作班应制作1组且每层不应少于3组40mm×40mm×160mm的长方体试件，标养28天后进行抗压强度试验。

29. A、B、C、D。本题考核的是施工组织设计的修改或补充。项目施工过程中，发生以下情况之一时，施工组织设计应及时进行修改或补充：（1）工程设计有重大修改；（2）有关法律、法规、规范和标准实施、修订和废止；（3）主要施工方法有重大调整；（4）主要施工资源配置有重大调整；（5）施工环境有重大改变。

30. A、C、D。本题考核的是围护结构节能工程的材料、构件和设备的进场复验要求。

保温砌块等墙体节能定型产品的传热系数或热阻、抗压强度及吸水率需要进场复验。

### 三、实务操作和案例分析题

(一)

1. 表1中A~G处的信息内容：

A：禁止。

B：限制。

C：—。

D：不得用于25m及以上的建设工程。

E：普通钢筋调直机、数控钢筋调直切断机的钢筋调直工艺等。

F：人货两用施工升降机等。

G：LED灯、节能灯等。

2. 1F、2F、3F柱C40混凝土同条件养护试件的等效龄期和日平均气温累计数分别为：

(1) 1F：19d，611℃·d。

(2) 2F：18d，600.5℃·d。

(3) 3F：18d，616.5℃·d。

3. (1) 两种混凝土强度检验评定方法：统计方法评定、非统计方法评定。

(2) 1F~3F柱C40混凝土实体评定强度平均值：(38.5+54.5+47.0)÷3＝46.67>1.15×40＝46 (N/mm$^2$)。

评定强度最小值：38.5>0.95×40＝38 (N/mm$^2$)。

(3) 1F~3F柱C40混凝土实体评定强度合格。

4. (1) 施工记录图像工序内容：图1为施工放线，图2为构造柱施工，图3为墙体砌筑，图4为卫生间坎台施工。

(2) 图片施工顺序：1-4-3-2。

(二)

1. (1) 调整后的计划图如图6所示。

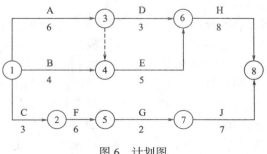

图6　计划图

(2) 关键线路：A-E-H。

(3) 总工期：19个月。

2. (1) 网络图的逻辑关系有：工艺关系和组织关系。

（2）虚工作的作用：用于正确表达图中工作之间的逻辑关系，一般起着工作之间的联系、区分和断路的三个作用。

3.（1）需要进行焊接工艺评定试验的情况：首次采用的钢材、焊接材料、焊接方法、接头形式、焊接位置、焊后热处理等。

（2）焊缝的缺陷形式还有：裂纹、孔穴、固体夹杂、形状缺陷和上述以外的其他缺陷。

4.（1）单位工程质量验收合格标准：

所含分部工程的质量均应验收合格。

质量控制资料应完整。

所含分部工程中有关安全、节能、环境保护和主要使用功能的检验资料应完整。

主要使用功能的抽查结果应符合相关专业验收规范的规定。

观感质量应符合要求。

（2）工程质量控制资料缺失时，应委托有资质的检测机构按有关标准进行相应的实体检验或抽样试验。

（三）

1.（1）沉管灌注桩施工除单打法外，还有：复打法、反插法。

（2）成桩过程还有：边锤击（振动）边拔管，并继续浇筑混凝土，下钢筋笼，继续浇筑混凝土及拔管，成桩。

2.（1）温控指标有：里表温差、降温速率、最高温升。

（2）测温点应布置在：表面以内50mm处、中心位置和底面以上50mm处。

3.（1）混凝土表面缺陷还有：麻面、露筋、蜂窝、孔洞。

（2）表3中A：50，B：75，C：100。

4.（1）图纸"三交底"是指：施工主管向施工工长做图纸工艺要求、质量要求交底，工长向班组长做图纸、施工方法、质量标准交底，班组长向班组成员做操作方法、工具使用、质量要求交底。

（2）质量"三检制"是指：自检、互检及工序交接检查。

（四）

1. 不妥之处一：要求质保金5%，履约保证金15%。

理由：建设单位不得同时要求质量保证金和履约保证金。

不妥之处二：质保金5%。

理由：质保金不得超过工程结算价款总额的3%。

不妥之处三：履约保证金15%。

理由：履约保证金不得超过中标合同金额的10%。

不妥之处四：钢材指定采购本市钢厂的产品。

理由：不得限定或指定特定的专利、商标、品牌、原产地或者供应商。

2. 施工单位还可以签订：分包合同、劳务合同、采购合同、租赁合同、借款合同、担保合同、咨询合同、保险合同等。

3. 分部分项工程费：48000.00万元

措施项目费：48000×15%＝7200.00万元

其他项目费：1500+1200×3%＝1536.00万元

规费：（48000+7200+1536）×2.2%＝1248.19万元

税金：（48000+7200+1536+1248.19）×9%＝5218.58万元

合同价＝48000+7200+1536+1248.19+5218.58＝63202.77万元

4.（1）地砖每平方米用量＝1/（0.8×0.8）＝1.5625块/m²。

采购比重：A＝936/3900＝0.24

B＝1014/3900＝0.26

C＝1950/3900＝0.50

材料原价：（36×0.24+33×0.26+35×0.5）×1.5625＝54.25元/m²。

（2）标的内容还有：牌号、商标、品种、型号、规格、花色、质量要求。

5.（1）建筑企业应与建筑工人签订劳动合同或用工书面协议，进行基本安全培训，在建筑工人实名制管理平台上登记，方可允许其进入施工现场作业。

（2）还有以下单位的人员：进入施工现场的建设单位、总承包单位、监理单位的项目管理人员等。

（五）

1. 安全管理还有：施工现场安全管理，施工设施、设备及劳动防护用品的安全管理，生产安全事故管理，安全考核和奖惩管理，应急救援管理，安全费用管理等制度。

2.（1）空缺检测项：架体基础、交底与验收、架体防护、通道。

（2）保证项目：施工方案、架体基础、架体稳定、杆件锁件、脚手板、交底与验收。

一般项目：架体防护、构配件材质、荷载、通道。

3. 混凝土浇筑过程中的安全隐患还有：

高处作业安全防护设施不到位。

机械设备的安装、使用不符合安全要求。

用电不符合安全要求。

浇筑时产生冲击荷载。

过早地拆除支撑和模板。

4.（1）错误部位改正如下：顶棚：A，隔断：$B_1$（或A），其他装饰材料：$B_2$以上。

（2）装饰材料燃烧性能分4个等级。

（3）各等级含义：A—不燃性，$B_1$—难燃性，$B_2$—可燃性，$B_3$—易燃性。

5.（1）建筑工程室内污染物检测抽检数量要求：抽检数量不得少于房间总数的5%，每个建筑单体不得少于3间。房间总数少于3间时，应全数检测。样板间室内环境污染物浓度检测且检测结果合格的，其同类型的房间抽检量可减半，并不得少于3间。

（2）标准客房抽样数量符合要求。

6.（1）TVOC：不符合要求。

苯：符合要求。

（2）应检测项目还有：甲醛、氨、甲苯、二甲苯、氡。

2021年度全国一级建造师执业资格考试

# 《建筑工程管理与实务》

## 真题及解析

学习遇到问题？
扫码在线答疑

# 2021年度《建筑工程管理与实务》真题

一、单项选择题（共20题，每题1分。每题的备选项中，只有1个最符合题意）

1. 建筑装饰工业化的基础是（　　）。
   A. 批量化生产　　　　　　　　B. 整体化安装
   C. 标准化制作　　　　　　　　D. 模块化设计

2. 框架结构抗震构造做法正确的是（　　）。
   A. 加强内柱　　　　　　　　　B. 短柱
   C. 强节点　　　　　　　　　　D. 强梁弱柱

3. 不属于砌体结构主要构造措施的是（　　）。
   A. 圈梁　　　　　　　　　　　B. 过梁
   C. 伸缩缝　　　　　　　　　　D. 沉降缝

4. 属于工业建筑的是（　　）。
   A. 宿舍　　　　　　　　　　　B. 办公楼
   C. 仓库　　　　　　　　　　　D. 医院

5. 粉煤灰水泥主要特征是（　　）。
   A. 水化热较小　　　　　　　　B. 抗冻性好
   C. 干缩性较大　　　　　　　　D. 早期强度高

6. 对HRB400E钢筋的要求，正确的是（　　）。
   A. 极限强度标准值不小于400MPa
   B. 实测抗拉强度与实测屈服强度之比不大于1.25
   C. 实测屈服强度与屈服强度标准值之比不大于1.3
   D. 最大力总伸长率不小于7%

7. 通过对钢化玻璃进行均质处理可以（　　）。
   A. 降低自爆率　　　　　　　　B. 提高透明度
   C. 改变光学性能　　　　　　　D. 增加弹性

8. 工程项目管理机构针对负面风险的应对措施是（　　）。
   A. 风险评估　　　　　　　　　B. 风险识别
   C. 风险监控　　　　　　　　　D. 风险规避

9. 判定或鉴别桩端持力层岩土性状的检测方法是（　　）。
   A. 钻芯法   B. 低应变法
   C. 高应变法   D. 声波透射法

10. 大体积混凝土拆除保温覆盖时，浇筑体表面与大气温差不应大于（　　）。
    A. 15℃   B. 20℃
    C. 25℃   D. 28℃

11. 预应力楼盖的预应力筋张拉顺序是（　　）。
    A. 主梁→次梁→板   B. 板→次梁→主梁
    C. 次梁→主梁→板   D. 次梁→板→主梁

12. 土钉墙施工要求正确的是（　　）。
    A. 超前支护，严禁超挖   B. 全部完成后抽查土钉抗拔力
    C. 同一分段喷射混凝土自上而下进行   D. 成孔注浆型钢筋土钉采用一次注浆工艺

13. 深基坑工程无支护结构挖土方案是（　　）。
    A. 中心岛式   B. 逆作法
    C. 盆式   D. 放坡

14. 跨度 6m、设计混凝土强度等级 C30 的板，拆除底模时的同条件养护标准立方体试块抗压强度值至少应达到（　　）。
    A. 15N/mm²   B. 18N/mm²
    C. 22.5N/mm²   D. 30N/mm²

15. 易产生焊缝固体夹渣缺陷的原因是（　　）。
    A. 焊缝布置不当   B. 焊前未加热
    C. 焊接电流太小   D. 焊后冷却快

16. 混凝土预制柱适宜的安装顺序是（　　）。
    A. 角柱→边柱→中柱   B. 角柱→中柱→边柱
    C. 边柱→中柱→角柱   D. 边柱→角柱→中柱

17. 影响悬臂梁端部位移最大的因素是（　　）。
    A. 荷载   B. 材料性能
    C. 构件的截面   D. 构件的跨度

18. 民用建筑工程室内装修所用水性涂料必须检测合格的项目是（　　）。
    A. 苯+VOC   B. 甲苯+游离甲醛
    C. 游离甲醛+VOC   D. 游离甲苯二异氰酸酯（TDI）

19. 反映土体抵抗剪切破坏极限强度的指标是（　　）。
    A. 内摩擦角   B. 内聚力
    C. 黏聚力   D. 土的可松性

20. 装修材料必须采用 A 级的部位是（　　）。
    A. 疏散楼梯间顶棚   B. 消防控制室地面
    C. 展览性场所展台   D. 厨房内固定橱柜

二、多项选择题（共 10 题，每题 2 分。每题的备选项中，有 2 个或 2 个以上符合题意，至少有 1 个错项。错选，本题不得分；少选，所选的每个选项得 0.5 分）

21. 防火门构造的基本要求有（　　）。

A. 甲级防火门耐火极限为 1.0h  B. 向内开启
C. 关闭后应能从内外两侧手动开启  D. 具有自行关闭功能
E. 开启后，门扇不应跨越变形缝

22. 属于偶然作用（荷载）的有（　　）。
A. 雪荷载  B. 风荷载
C. 火灾  D. 地震
E. 吊车荷载

23. 建筑工程中常用的软木材有（　　）。
A. 松树  B. 榆树
C. 杉树  D. 桦树
E. 柏树

24. 水泥粉煤灰碎石桩（CFG 桩）的成桩工艺有（　　）。
A. 长螺旋钻孔灌注成桩  B. 振动沉管灌注成桩
C. 洛阳铲人工成桩  D. 长螺旋钻中心压灌成桩
E. 三管法旋喷成桩

25. 混凝土施工缝留置位置正确的有（　　）。
A. 柱在梁、板顶面  B. 单向板在平行于板长边的任何位置
C. 有主次梁的楼板在次梁跨中 1/3 范围内  D. 墙在纵横墙的交接处
E. 双向受力板按设计要求确定

26. 建筑信息模型（BIM）元素信息中属于几何信息的有（　　）。
A. 材料和材质  B. 尺寸
C. 规格型号  D. 施工段
E. 空间拓扑关系

27. 混凝土的非荷载型变形有（　　）。
A. 化学收缩  B. 碳化收缩
C. 温度变形  D. 干湿变形
E. 徐变

28. 关于型钢混凝土结构施工做法，正确的有（　　）。
A. 柱的纵向钢筋设在柱截面四角  B. 柱的箍筋穿过钢梁腹板
C. 柱的箍筋焊在钢梁腹板上  D. 梁模板可以固定在型钢梁上
E. 梁柱节点处留设排气孔

29. 需要进行专家论证的危险性较大的分部分项工程有（　　）。
A. 开挖深度 6m 的基坑工程
B. 搭设跨度 15m 的模板支撑工程
C. 双机抬吊单件起重量为 150kN 的起重吊装工程
D. 搭设高度 40m 的落地式钢管脚手架工程
E. 施工高度 60m 的建筑幕墙安装工程

30. 关于高处作业吊篮的做法，正确的有（　　）。
A. 吊篮安装作业应编制专项施工方案  B. 吊篮内的作业人员不应超过 3 人
C. 作业人员应从地面进出吊篮  D. 安全钢丝绳应单独设置

E. 吊篮升降操作人员必须经培训合格

## 三、实务操作和案例分析题（共5题，（一）、（二）、（三）题各20分，（四）、（五）题各30分）

### （一）

【背景资料】

某工程项目经理部为贯彻落实《住房和城乡建设部等部门关于加快培育新时代建筑产业工人队伍的指导意见》要求，在项目劳动用工管理中做了以下工作：

（1）要求分包单位与招用的建筑工人签订劳务合同；

（2）总包对农民工工资支付工作负总责，要求分包单位做好农民工工资发放工作；

（3）改善工人生活区居住环境，在集中生活区配套了食堂等必要生活设施，开展物业化管理。

项目经理部编制的《屋面工程施工方案》中规定：

（1）工程采用倒置式屋面，屋面构造层包括防水层、保温层、找平层、找坡层、隔离层、结构层和保护层。构造示意图如图1所示。

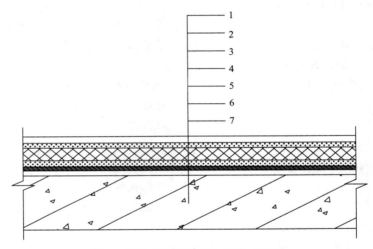

图1 倒置式屋面构造示意图（部分）

（2）防水层选用三元乙丙高分子防水卷材。

（3）防水层施工完成后进行雨后观察或淋水、蓄水试验，持续时间应符合规范要求，合格后再进行隔离层施工。

【问题】

1. 指出项目劳动用工管理工作中不妥之处并写出正确做法。

2. 为改善工人生活区居住环境，在一定规模的集中生活区应配套的必要生活机构设施有哪些？（如食堂）

3. 常用高分子防水卷材有哪些？（如三元乙丙）

4. 常用屋面隔离层材料有哪些？屋面防水层淋水、蓄水试验持续时间各是多少小时？

5. 写出图1中屋面构造层1~7对应的名称。

## （二）

**【背景资料】**

某施工单位承建一高档住宅楼工程，钢筋混凝土剪力墙结构，地下2层，地上26层，建筑面积36000m²。

施工单位项目部根据该工程特点，编制了"施工期变形测量专项方案"，明确了建筑测量精度等级为一等，规定了两类变形测量基准点设置均不少于4个。

首层楼板混凝土出现明显的塑态收缩现象，造成混凝土结构表面收缩裂缝。项目部质量专题会议分析其主要原因是骨料含泥量过大和水泥及掺合料的用量超出规范要求等，要求及时采取防治措施。

二次结构填充墙施工时，为抢工期，项目工程部门安排作业人员将刚生产7d的蒸压加气混凝土砌块用于砌筑作业，要求砌体灰缝厚度、饱满度等质量满足要求。后被监理工程师发现，责令停工整改。

项目经理巡查到二层样板间时，地面瓷砖铺设施工人员正按照基层处理、放线、浸砖等工艺流程进行施工。其检查了施工质量，强调后续工作要严格按照正确施工工艺作业，铺装完成28d后，用专用勾缝剂勾缝，做到清晰、顺直，保证地面整体质量。

**【问题】**

1. 建筑变形测量精度分几个等级？变形测量基准点分哪两类？其基准点设置要求有哪些？

2. 除塑态收缩外，还有哪些收缩现象易引起混凝土表面收缩裂缝？收缩裂缝产生的原因还有哪些？

3. 蒸压加气混凝土砌块使用时的要求龄期和含水率应是多少？写出水泥砂浆砌筑蒸压加气混凝土砌块的灰缝质量要求。

4. 地面瓷砖面层施工工艺内容还有哪些？瓷砖勾缝要求还有哪些？

(三)

**【背景资料】**

某新建住宅楼工程,建筑面积25000m²,装配式钢筋混凝土结构。建设单位编制了招标工程量清单等招标文件,其中部分条款内容为:本工程实行施工总承包模式,承包范围为土建、电气等全部工程内容,质量标准为合格,开工前业主向承包商支付合同工程造价的25%作为预付备料款;保修金为总价的3%。经公开招投标,某施工总承包单位以12500万元中标。其中工地总成本9200万元,公司管理费按10%计,利润按5%计,暂列金额1000万元。主要材料及构配件金额占合同额70%。双方签订了工程施工总承包合同。

项目经理部按照包括统一管理、资金集中等内容的资金管理原则,编制年、季、月度资金收支计划,认真做好项目资金管理工作。

施工单位按照建设单位要求,通过专家论证,采用了一种新型预制钢筋混凝土剪力墙结构体系,致使实际工地总成本增加到9500万元。施工单位在工程结算时,对增加的费用进行了索赔。

项目经理部按照优先选择单位工程量使用成本费用(包括可变费用和固定费用,如大修理费、小修理费等)较低的原则,施工塔吊供应渠道选择企业自有设备调配。

项目检验试验由建设单位委托具有资质的检测机构负责,施工单位支付了相关费用,并向建设单位提出以下索赔事项:

(1)现场自建试验室费用超出预算费用3.5万元;
(2)新型钢筋混凝土预制剪力墙结构验证试验费25万元;
(3)新型钢筋混凝土剪力墙预制构件抽样检测费用12万元;
(4)预制钢筋混凝土剪力墙板破坏性试验费用8万元;
(5)施工企业采购的钢筋连接套筒抽检不合格而增加的检测费用1.5万元。

**【问题】**

1. 施工总承包通常包括哪些工程内容?(如土建、电气)
2. 该工程预付备料款和起扣点分别是多少万元?(精确到小数点后两位)
3. 项目资金管理原则有哪些内容?
4. 施工单位工地总成本增加,用总费用法分步计算索赔值是多少万元?(精确到小数点后两位)
5. 项目施工机械设备的供应渠道有哪些?机械设备使用成本费用中固定费用有哪些?
6. 分别判断检测试验索赔事项的各项费用是否成立?(如1万元成立)

(四)

**【背景资料】**

某工程项目,地上 15～18 层,地下 2 层,钢筋混凝土剪力墙结构,总建筑面积 57000m²。施工单位中标后成立项目经理部组织施工。项目经理部计划施工组织方式采用流水施工,根据劳动力储备和工程结构特点确定流水施工的工艺参数、时间参数和空间参数,如空间参数中的施工段、施工层划分等,合理配置了组织和资源,编制的项目双代号网络计划如图 2 所示。

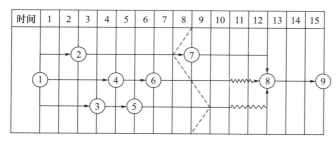

图 2 项目双代号网络计划(一)

项目经理部上报了施工组织设计,其中,施工总平面图设计要点包括了设置大门、布置塔吊、施工升降机,布置临时房屋、水、电和其他动力设施等。布置施工升降机时,考虑了导轨架的附墙位置和距离等现场条件和因素。公司技术部门在审核时指出施工总平面图设计要点不全,施工升降机布置条件和因素考虑不足,要求补充完善。项目经理部在工程施工到第 8 月底时,对施工进度进行了检查,工程进展状态如图 2 中前锋线所示。工程部门根据检查分析情况,调整措施后重新绘制了从第 9 月开始到工程结束的双代号网络计划,部分内容如图 3 所示。

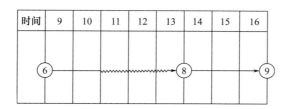

图 3 项目双代号网络计划(二)

主体结构完成后,项目部为结构验收做了以下准备工作:
(1) 将所有模板拆除并清理干净;
(2) 工程技术资料整理、整改完成;
(3) 完成了合同图纸和洽商所有内容;
(4) 各类管道预埋完成,位置尺寸准确,相应测试完成;
(5) 各类整改通知已完成,并形成整改报告。
项目部认为达到了验收条件,向监理单位申请组织结构验收,并决定由项目技术负责人、相关部门经理和工长参加。监理工程师认为存在验收条件不具备、参与验收人员不全等问题,要求完善验收条件。

【问题】

1. 工程施工组织方式有哪些？组织流水施工时，应考虑的工艺参数和时间参数分别包括哪些内容？

2. 施工总平面布置图设计要点还有哪些？布置施工升降机时，应考虑的条件和因素还有哪些？

3. 根据图 2 中进度前锋线分析第 8 月底工程的实际进展情况。

4. 在答题纸上绘制（可以手绘）正确的从第 9 月开始到工程结束的双代号网络计划图。

5. 主体结构验收工程实体还应具备哪些条件？施工单位应参与结构验收的人员还有哪些？

## （五）

**【背景资料】**

某住宅工程由 7 栋单体组成,地下 2 层,地上 10～13 层,总建筑面积 11.5 万 $m^2$。施工总承包单位中标后成立项目经理部组织施工。

项目总工程师编制了《临时用电组织设计》,其内容包括：总配电箱设在用电设备相对集中的区域；电缆直接埋地敷设,穿过临建设施时应设置警示标识进行保护,临时用电施工完成后,由编制和使用单位共同验收合格后方可使用；各类用电人员经考试合格后持证上岗工作；发现用电安全隐患,经电工排除后继续使用；维修临时用电设备由电工独立完成；临时用电定期检查按分部、分项工程进行。《临时用电组织设计》报企业技术部门批准后,上报监理单位。监理工程师认为《临时用电组织设计》存在不妥之处,要求修改完善后再报。

项目经理部结合各级政府新冠肺炎疫情防控工作政策编制了《绿色施工专项方案》。监理工程师审查时指出了不妥之处：
（1）生产经理是绿色施工组织实施第一责任人；
（2）施工工地内的生活区实施封闭管理；
（3）实行每日核酸检测；
（4）现场生活区采取灭鼠、灭蚊、灭蝇等措施,不定期投放和喷洒灭虫、消毒药物。

同时要求补充发现施工人员患有法定传染病时,施工单位采取的应对措施。

项目一处双排脚手架搭设到 20m 时,当地遇罕见暴雨,造成地基局部下沉,外墙脚手架出现严重变形,经评估后认为不能继续使用。项目技术部门编制了该脚手架拆除方案,规定了作业时设置专人指挥,多人同时操作时,明确分工、统一行动,保持足够的操作面等脚手架拆除作业安全管理要点。经审批并交底后实施。

项目部在工程质量策划中,制定了分项工程过程质量检测试验计划,部分内容见表 1。施工过程质量检测试验抽检频次依据质量控制需要等条件确定。

**表 1　部分施工过程检测试验主要内容**

| 类别 | 检测试验项目 | 主要检测试验参数 |
| --- | --- | --- |
| 地基与基础 | 桩基 | |
| 钢筋连接 | 机械连接现场检验 | |
| 混凝土 | 混凝土性能 | |
| | | 同条件转标养强度 |
| 建筑节能 | 围护结构现场实体检验 | |
| | | 外窗气密性能 |

对建筑节能工程围护结构子分部工程检查时,抽查了墙体节能分项工程中保温隔热材料复验报告。复验报告表明该批次酚醛泡沫塑料板的导热系数（热阻）等各项性能指标合格。

【问题】
1. 写出《临时用电组织设计》内容与管理中不妥之处的正确做法。
2. 写出《绿色施工专项方案》中不妥之处的正确做法。施工人员患有法定传染病时施工单位应对措施有哪些？
3. 脚手架拆除作业安全管理要点还有哪些？
4. 写出表中相关检测试验项目对应主要检测试验参数的名称（如混凝土性能：同条件转标养强度）。确定抽检频次的条件还有哪些？
5. 建筑节能工程中的围护结构子分部工程包含哪些分项工程？墙体保温隔热材料进场时需要复验的性能指标有哪些？

# 2021 年度真题参考答案及解析

## 一、单项选择题

| | | | | |
|---|---|---|---|---|
| 1. D； | 2. C； | 3. B； | 4. C； | 5. A； |
| 6. C； | 7. A； | 8. D； | 9. A； | 10. B； |
| 11. B； | 12. A； | 13. D； | 14. C； | 15. C； |
| 16. A； | 17. D； | 18. C； | 19. B； | 20. A。 |

【解析】

1. D。本题考核的是装配式装饰装修的主要特征。模块化设计是建筑装饰工业化的基础。

2. C。本题考核的是框架结构的抗震构造。框架结构的抗震构造应遵守强柱、强节点、强锚固、避免短柱、加强角柱，框架沿高度不宜突变，避免出现薄弱层，控制最小配筋率，限制配筋最小直径等原则。

3. B。本题考核的是砌体房屋结构的主要构造要求。砌体结构的构造是确保房屋结构整体性和结构安全的可靠措施。构造措施主要包括三个方面，即伸缩缝、沉降缝和圈梁。

4. C。本题考核的是建筑物的分类。工业建筑是指为工业生产服务的各类建筑，也可以称为厂房类建筑，如生产车间、辅助车间、动力用房、仓储建筑等。选项 A、B、D 属于民用建筑。

5. A。本题考核的是粉煤灰水泥主要特性。粉煤灰水泥主要特性包括：凝结硬化慢、早期强度低，后期强度增长较快；水化热较小；抗冻性差；耐热性较差；耐蚀性较好；干缩性较小；抗裂性较高。故选项 A 正确，选项 B、C、D 错误。

6. C。本题考核的是钢筋混凝土结构用钢。选项 A 的正确表述应为：极限强度标准值不小于 540MPa。选项 B 的正确表述应为：钢筋实测抗拉强度与实测下屈服强度之比不小于 1.25。选项 D 的正确表述应为：钢筋的最大力总伸长率不小于 9%。

7. A。本题考核的是钢化玻璃的应用。通过对钢化玻璃进行均质（第二次热处理工艺）处理，可以大大降低钢化玻璃的自爆率。

8. D。本题考核的是风险管理。项目管理机构应采取下列措施应对负面风险：风险规避；风险减轻；风险转移；风险自留。选项 A、B、C 属于项目风险管理的程序。

9. A。本题考核的是桩基检测的目的。钻芯法的目的：检测灌注桩桩长、桩身混凝土强度、桩底沉渣厚度，判定或鉴别桩端持力层岩土性状，判定桩身完整性类别。

10. B。本题考核的是大体积混凝土施工温控指标。大体积混凝土拆除保温覆盖时混凝土浇筑体表面与大气温差不应大于 20℃。

11. B。本题考核的是后张拉法预应力筋张拉程序。预应力楼盖宜先张拉楼板、次梁，后张拉主梁的预应力筋；对于平卧重叠构件，宜先上后下逐层张拉。

12. A。本题考核的是土钉墙的施工要求。土钉墙施工必须遵循"超前支护，分层分段，逐层施作，限时封闭，严禁超挖"的原则要求。故选项 A 正确。每层土钉施工后，应按要求抽查土钉的抗拔力。故选项 B 错误。作业应分段分片依次进行，同一分段内应自下而上，一次喷射厚度不宜大于 120mm。故选项 C 错误。成孔注浆型钢筋土钉应采用两次注浆工艺施工。故选项 D 错误。

13. D。本题考核的是深基坑的土方开挖。深基坑工程的挖土方案主要有放坡挖土、中心岛式（也称墩式）挖土、盆式挖土和逆作法挖土。前者无支护结构，后三种皆有支护结构。

14. C。本题考核的是底模拆除时的混凝土强度要求。2m<跨度≤8m 时，应达到设计的混凝土立方体抗压强度标准值的百分率为≥75%。故，$30×75\% = 22.5N/mm^2$。

15. C。本题考核的是固体夹杂。固体夹杂：有夹渣和夹钨两种缺陷。产生夹渣的主要原因是焊接材料质量不好、焊接电流太小、焊接速度太快、熔渣密度太大、阻碍熔渣上浮、多层焊时熔渣未清除干净等，其处理方法是铲除夹渣处的焊缝金属，然后焊补。

16. A。本题考核的是预制柱安装顺序。混凝土预制柱宜按照角柱、边柱、中柱顺序进行安装，与现浇部分连接的柱宜先行安装。

17. D。本题考核的是影响悬臂梁端部位移的因素。影响位移因素除荷载外，还有材料性能、构件的截面、构件的跨度。其中，构件的跨度影响最大。

18. C。本题考核的是涂饰材料技术要求。民用建筑工程室内装修所用的水性涂料必须有同批次产品的挥发性有机化合物（VOC）和游离甲醛含量检测报告。

19. B。本题考核的是岩土的工程性能。土抗剪强度是指土体抵抗剪切破坏的极限强度，包括内摩擦力和内聚力。

20. A。本题考核的是特别场所内部装饰装修防火设计的有关规定。疏散楼梯间和前室的顶棚、墙面和地面均应采用 A 级装修材料。故选项 A 正确。消防控制室等重要房间，其顶棚和墙面应采用 A 级装修材料，地面及其他装修应采用不低于 $B_1$ 级的装修材料。故选项 B 排除。展览性场所的展台材料应采用不低于 $B_1$ 级的装修材料。故选项 C 排除。厨房内的固定橱柜宜采用不低于 $B_1$ 级的装修材料。故选项 D 排除。

## 二、多项选择题

21. C、D、E；　　　　22. C、D；　　　　23. A、C、E；
24. A、B、D；　　　　25. A、C、D、E；　　26. B、E；
27. A、B、C、D；　　　28. A、B、D、E；　　29. A、C、E；
30. A、C、D、E。

【解析】

21. C、D、E。本题考核的是防火门构造的基本要求。甲级防火门的耐火极限应为 1.5h。故选项 A 错误。防火门应为向疏散方向开启的平开门，并在关闭后应能从其内外两侧手动开启。故选项 B 错误，选项 C 正确。用于疏散的走道、楼梯间和前室的防火门，应具有自行关闭的功能。故选项 D 正确。设在变形缝处附近的防火门，应设在楼层数较多的一侧，且门开启后门扇不应跨越变形缝。故选项 E 正确。

22. C、D。本题考核的是作用（荷载）的分类。偶然作用（偶然荷载、特殊荷载）：在结构设计使用年限内不一定出现，也可能不出现，而一旦出现其量值很大，且持续时间很短的荷载。例如爆炸力、撞击力、火灾、地震等。雪荷载、风荷载、吊车荷载均属于可变作用（荷载）。

23. A、C、E。本题考核的是树木的分类及性质。针叶树树干通直，易得大材，强度较高，体积密度小，胀缩变形小，其木质较软，易于加工，常称为软木材，包括松树、杉树和柏树等。

24. A、B、D。本题考核的是水泥粉煤灰碎石桩的成桩工艺。水泥粉煤灰碎石桩，简称CFG桩。根据现场条件可选用的施工工艺：（1）长螺旋钻孔灌注成桩；（2）长螺旋钻中心压灌成桩；（3）振动沉管灌注成桩；（4）泥浆护壁成孔灌注成桩。

25. A、C、D、E。本题考核的是施工缝的留置位置。单向板应留置在平行于板的短边的任何位置。故选项B错误。

26. B、E。本题考核的是模型元素信息。模型元素信息包括的内容有：尺寸、定位、空间拓扑关系等几何信息；名称、规格型号、材料和材质、生产厂商、功能与性能技术参数，以及系统类型、施工段、施工方式、工程逻辑关系等非几何信息。

27. A、B、C、D。本题考核的是混凝土的变形性能。混凝土的变形主要分为两大类：非荷载型变形和荷载型变形。非荷载型变形指物理化学因素引起的变形，包括化学收缩、碳化收缩、干湿变形、温度变形等。荷载作用下的变形又可分为在短期荷载作用下的变形和长期荷载作用下的徐变。

28. A、B、D、E。本题考核的是型钢混凝土结构施工。不宜将箍筋焊在梁的腹板上，因为节点处受力较复杂。故选项C错误。

29. A、C、E。本题考核的是需要进行专家论证的危险性较大的分部分项工程范围。选项A中开挖深度已经超过5m，故正确。选项B跨度并未达到18m的限制，故错误。选项C中双机抬吊单件起重量已经超过100kN，故正确。选项D未达到50m的限制，故错误。选项E中，已经超过50m，故正确。

30. A、C、D、E。本题考核的是高处作业吊篮。选项B的正确表述应为：吊篮内的作业人员不应超过2人。

## 三、实务操作和案例分析题

（一）

1. 项目劳动用工管理工作中不妥之处及正确做法如下：
（1）不妥之处：要求分包单位与招用的建筑工人签订劳务合同。
正确做法：劳务用工企业与建筑工人签订劳动合同。
（2）不妥之处：要求分包单位做好农民工工资发放工作。
正确做法：分包单位农民工工资委托施工总承包单位代发。
2. 食堂、超市、文体活动室、医疗、法律咨询、职工书屋。
3. 聚氯乙烯、氯化聚乙烯、氯化聚乙烯-橡胶共混及三元丁橡胶防水卷材。
4. （1）常用屋面隔离层材料包括：塑料膜、土工布、卷材、低强度等级砂浆。
（2）屋面防水层淋水持续时间：2h。
屋面防水层蓄水试验持续时间：24h。
5. ①保护层；②保温层；③隔离层；④防水层；⑤找平层；⑥找坡层；⑦结构层。

## （二）

1. （1）建筑变形测量精度分为5个等级：特等、一等、二等、三等、四等。

（2）变形测量的基准点分为沉降基准点和位移基准点。

（3）基准点设置要求：沉降观测基准点，在特等、一等沉降观测时应不少于4个，其他等级观测时不应少于3个，基准点之间应形成闭合环。

2. （1）除塑态收缩外还有：沉陷收缩、干燥收缩、碳化收缩、凝结收缩。

（2）收缩裂缝产生的原因还包括：

① 混凝土水胶比、坍落度偏大、和易性差。

② 混凝土浇筑振捣差，养护不及时。

3. （1）使用时的要求龄期：不应小于28d；含水率宜小于30%。

（2）水泥砂浆砌筑蒸压加气混凝土砌块的灰缝质量要求：

① 水平灰缝厚度和竖向灰缝宽度不应超过15mm。

② 填充墙砌筑的砂浆的灰缝饱满度均不应小于80%；空心砖砌块竖缝应填满砂浆，不得有透明缝、瞎缝、假缝。

4. （1）地面瓷砖面层施工工艺内容还包括：铺设结合层砂浆、铺砖、养护、检查验收、勾缝、成品保护。

（2）瓷砖勾缝要求还包括：平整、光滑、深浅一致，且缝应略低于砖面。

## （三）

1. 施工总承包施工内容通常包括土建、电气、给水排水、供暖、消防、燃气、机电安装、园林景观及室外管网等全部或部分。

2. 预付备料款=（12500-1000）×25%=2875.00万元。

起扣点=（12500-1000）-2875÷70%=7392.86万元。

3. 项目资金管理的原则包括：统一管理、分级负责；归口协调、流程管控；资金集中、预算控制；以收定支、集中调剂。

4. 总成本增加：9500-9200=300.00万元；

公司管理费增加：总成本增量×10%=300×10%=30.00万元；

利润增加：（300+30）×5%=16.50万元；

索赔值：300+30+16.5=346.50万元。

5. 项目施工机械设备的供应渠道有：企业自有设备调配、市场租赁设备、专门购置机械设备、专业分包队伍自带设备。

机械设备使用成本费用中固定费用有：折旧费、大修理费、机械管理费、投资应付利息、固定资产占用费等。

6. （1）3.5万元不成立；（2）25万元成立；（3）12万元成立；（4）8万元成立；（5）1.5万元不成立。

## （四）

1. （1）工程施工组织实施的方式分为：依次施工、平行施工、流水施工。

（2）工艺参数包括：施工过程和流水强度。

(3) 时间参数：流水节拍、流水步距、流水施工工期。

2. (1) 施工总平面布置图设计要点还包括：材料仓库、堆场，布置加工厂，布置场内临时运输道路。

(2) 布置升降机时，应考虑的条件和因素还有：地基承载力、地基平整度、周边排水、楼层平台通道、出入口防护门以及升降机周边的防护围栏等。

3. ②~⑦进度延误一个月；⑥~⑧进度正常；⑤~⑧进度提前一个月。

4. 从第 9 月开始到工程结束的双代号网络计划图如图 4 所示。

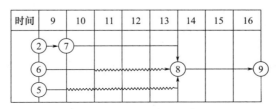

图 4　从第 9 月开始到工程结束的双代号网络计划图

5. (1) 主体结构验收工程实体还应具备的条件包括：
① 主体分部验收前，墙面上的施工孔洞须按规定镶堵密实，并作隐蔽工程验收记录。
② 弹出楼层标高线，并做醒目标志。

(2) 施工单位应参与结构验收的人员还有：施工单位项目负责人、施工单位技术、质量部门负责人。

（五）

1. (1) 不妥之处一：项目总工程师编制了《临时用电组织设计》。
正确做法：应由电气工程师编制《临时用电组织设计》。

(2) 不妥之处二：总配电箱设在用电设备相对集中的区域。
正确做法：总配电箱应设在靠近进场电源的区域。

(3) 不妥之处三：电缆直接埋地敷设，穿过临建设施时应设置警示标识进行保护。
正确做法：电缆直接埋地敷设，穿过临建设施时，应套钢管保护。

(4) 不妥之处四：临时用电施工完成后，由编制和使用单位共同验收合格后方可使用。
正确做法：须经编制、审核、批准部门和使用单位共同验收合格后方可使用。

(5) 不妥之处五：发现用电安全隐患，经电工排除后继续使用。
正确做法：用电安全隐患经电工排除后，经复查验收方可继续使用。

(6) 不妥之处六：维修临时用电设备由电工独立完成。
正确做法：维修临时用电设备必须由电工完成，并应有人监护。

(7) 不妥之处七：《临时用电组织设计》报企业技术部批准后，上报监理单位。
正确做法：《临时用电组织设计》应经具有法人资格企业的技术负责人批准。

2. 《绿色施工专项方案》中不妥之处的正确做法如下：
(1) 项目经理是绿色施工第一责任人。
(2) 施工现场应实行封闭管理。
(3) 每日测量体温。
(4) 现场办公区和生活区定期投放和喷洒灭虫、消毒药物。

施工人员患有法定传染病时施工单位的应对措施：必须在2h内向施工现场所在地建设行政主管部门和卫生防疫部门进行报告；应及时进行隔离，并由卫生防疫部门进行处置。

3.（1）拆除作业必须由上而下逐层进行，严禁上下同时作业。

（2）连墙件必须随脚手架逐层拆除，严禁先将连墙件整层拆除后再拆脚手架；分段拆除高差不应大于2步，如高差大于2步，应增设连墙件加固。

（3）拆除的构配件应采用起重设备吊运或人工传递到地面，严禁抛掷。

4. 地基与基础，桩基对应的主要检测试验参数的名称包括：承载力，桩身完整性。

钢筋连接，机械连接现场检验对应的主要检测试验参数的名称包括：抗拉强度。

混凝土，混凝土性能对应的主要检测试验参数的名称除同条件转标养强度外，还包括：标准养护试件强度、同条件试件强度、抗渗性能。

建筑节能，围护结构现场实体检验对应的主要检测试验参数的名称还包括：外墙节能构造。

确定抽检频次的条件还有：施工流水段划分、工程量、施工环境。

5.（1）包括：墙体节能工程，幕墙节能工程，门窗节能工程，屋面节能工程，地面节能工程。

（2）墙体保温隔热材料进场时需要复验的性能指标包括：导热系数或热阻、密度、压缩强度或抗压强度、垂直于板面方向的抗拉强度、吸水率、燃烧性能（不燃材料除外）。

2020年度全国一级建造师执业资格考试

# 《建筑工程管理与实务》

# 真题及解析

学习遇到问题？
扫码在线答疑

## 2020年度《建筑工程管理与实务》真题

一、单项选择题（共20题，每题1分。每题的备选项中，只有1个最符合题意）

1. 下列常用建筑结构体系中，适用高度最高的结构体系是（　　）。
   A. 筒体                     B. 剪力墙
   C. 框架-剪力墙              D. 框架结构

2. 结构梁上砌筑砌体隔墙，该梁所受荷载属于（　　）。
   A. 均布荷载                 B. 线荷载
   C. 集中荷载                 D. 活荷载

3. 常用于较高抗震要求结构的纵向受力普通钢筋品种是（　　）。
   A. HRB500                   B. HRBF500
   C. HRB500E                  D. HRB600

4. 施工现场常用坍落度试验来测定混凝土（　　）指标。
   A. 流动性                   B. 黏聚性
   C. 保水性                   D. 耐久性

5. 混凝土立方体抗压强度标准试件的边长是（　　）mm。
   A. 70.7                     B. 100
   C. 150                      D. 200

6. 在抢修工程中，常用的混凝土外加剂是（　　）。
   A. 减水剂                   B. 早强剂
   C. 缓凝剂                   D. 膨胀剂

7. 常用于室内装修工程的天然大理石最主要的特性是（　　）。
   A. 属酸性石材               B. 质地坚硬
   C. 吸水率高                 D. 属碱性石材

8. 关于中空玻璃的特性，正确的是（　　）。
   A. 机械强度高               B. 隔声性能好
   C. 弹性好                   D. 单向透视性

9. 依据建筑场地的施工控制方格网放线，最为方便的方法是（　　）。
   A. 极坐标法                 B. 角度前方交会法

C. 直角坐标法  D. 方向线交会法

10. 通常基坑验槽主要采用的方法是（　　）。
    A. 观察法  B. 钎探法
    C. 丈量法  D. 轻型动力触探

11. 设有钢筋混凝土构造柱的抗震多层砖房，施工顺序正确的是（　　）。
    A. 砌砖墙→绑扎钢筋→浇筑混凝土  B. 绑扎钢筋→浇筑混凝土→砌砖墙
    C. 绑扎钢筋→砌砖墙→浇筑混凝土  D. 浇筑混凝土→绑扎钢筋→砌砖墙

12. 高层钢结构吊装中，广泛采用的吊装方法是（　　）。
    A. 综合吊装法  B. 单件流水法
    C. 整体吊装法  D. 整体提升法

13. 全玻幕墙面板与玻璃肋的连结用胶应采用（　　）。
    A. 硅酮耐候密封胶  B. 环氧胶
    C. 丁基热熔密封胶  D. 硅酮结构密封胶

14. 倒置式屋面基本构造自下而上顺序正确的是（　　）。
    ①结构层　②保温层
    ③保护层　④找坡层
    ⑤找平层　⑥防水层
    A. ①②③④⑤⑥  B. ①④⑤⑥②③
    C. ①②④⑤⑥③  D. ①④⑤②③⑥

15. 下列施工现场临时用电配电箱金属箱门与金属箱体的连接材料，正确的是（　　）。
    A. 单股铜线  B. 绝缘多股铜线
    C. 编织软铜线  D. 铜绞线

16. 施工现场污水排放需申领《临时排水许可证》，当地政府发证的主管部门是（　　）。
    A. 环境保护管理部门  B. 环卫管理部门
    C. 安全生产监督管理部门  D. 市政管理部门

17. 施工现场负责审查批准一级动火作业的是（　　）。
    A. 项目负责人  B. 项目生产负责人
    C. 项目安全管理部门  D. 企业安全管理部门

18. 单位工程验收时的项目组织负责人是（　　）。
    A. 建设单位项目负责人  B. 施工单位项目负责人
    C. 监理单位项目负责人  D. 设计单位项目负责人

19. 根据《建筑设计防火规范》GB 50016，墙面装饰材料燃烧性能等级属于A级的场所是（　　）。
    A. 宾馆  B. 办公楼
    C. 医院病房  D. 住宅楼

20. 基坑开挖深度8m，基坑侧壁安全等级为一级，其支护结构形式宜选择（　　）。
    A. 水泥土墙  B. 原状土放坡
    C. 土钉墙  D. 排桩

二、**多项选择题**（共10题，每题2分。每题的备选项中，有2个或2个以上符合题意，至少有1个错项。错选，本题不得分；少选，所选的每个选项得0.5分）

21. 关于疏散走道上设置防火卷帘的说法，正确的有（  ）。
   A. 在防火卷帘的一侧设置启闭装置
   B. 在防火卷帘的两侧设置启闭装置
   C. 具有手动控制的功能
   D. 具有自动控制的功能
   E. 具有机械控制的功能

22. 钢筋代换时应满足的构造要求有（  ）。
   A. 裂缝宽度验算
   B. 配筋率
   C. 钢筋间距
   D. 保护层厚度
   E. 钢筋锚固长度

23. 下列建筑幕墙的防雷做法，正确的有（  ）。
   A. 避雷接地一般每三层与均压环连接
   B. 防雷构造连接不必进行隐蔽工程验收
   C. 防雷连接的钢构件完成后都应进行防锈油漆处理
   D. 在有镀膜的构件上进行防雷连接应除去其镀膜层
   E. 幕墙的金属框架应与主体结构的防雷体系可靠连接

24. 关于高温天气施工的说法，正确的有（  ）。
   A. 现场拌制砂浆随拌随用
   B. 打密封胶时环境温度不宜超过35℃
   C. 大体积防水混凝土浇筑入模温度不应高于30℃
   D. 不应进行钢结构安装
   E. 混凝土的坍落度不宜小于70mm

25. 事故应急救援预案提出的技术措施和组织措施应（  ）。
   A. 详尽
   B. 真实
   C. 及时
   D. 明确
   E. 有效

26. 建筑安全生产事故按事故的原因和性质分为（  ）。
   A. 生产事故
   B. 重伤事故
   C. 死亡事故
   D. 轻伤事故
   E. 环境事故

27. 建筑施工中，垂直运输设备有（  ）。
   A. 塔式起重机
   B. 施工电梯
   C. 吊篮
   D. 物料提升架
   E. 混凝土泵

28. 根据控制室内环境的不同要求，属于Ⅰ类民用建筑工程的有（  ）。
   A. 餐厅
   B. 老年建筑
   C. 理发店
   D. 学校教室
   E. 旅馆

29. 关于土方回填的说法，正确的有（  ）。
   A. 回填料应控制含水率

B. 根据回填工期要求，确定压实遍数
C. 下层的压实系数试验合格后，进行上层施工
D. 冬期回填时，分层厚度可适当增加
E. 先有取样点位布置图，后有试验结果表

30. 屋面工程中使用的保温材料，必须进场复验的技术指标有（    ）。
   A. 导热系数                B. 密度
   C. 抗拉强度                D. 燃烧性能
   E. 抗腐蚀性能

### 三、实务操作和案例分析题（共5题，（一）、（二）、（三）题各20分，（四）、（五）题各30分）

（一）

**【背景资料】**

某工程项目部根据当地政府要求进行新冠疫情后复工，按照《房屋市政工程复工复产指南》（建办质〔2020〕8号）规定，制定了《项目疫情防控措施》，其中规定有：

（1）施工现场采取封闭式管理。严格施工区等"四区"分离，并设置隔离区和符合标准的隔离室。

（2）根据工程规模和务工人员数量等因素，合理配备疫情防控物资。

（3）现场办公场所、会议室、宿舍应保持通风，每天至少通风3次，并定期对上述重点场所进行消毒。

项目部制定的《模板施工方案》中规定有：

（1）模板选用15mm厚木胶合板，木枋格栅、围檩。

（2）水平模板支撑采用碗扣式钢管脚手架，顶部设置可调托撑。

（3）碗扣式脚手架钢管材料为Q235级，高度超过4m，模板支撑架安全等级按Ⅰ级要求设计。

（4）模板及其支架的设计中考虑了下列各项荷载：

① 模板及其支架自重（$G_1$）。
② 新浇筑混凝土自重（$G_2$）。
③ 钢筋自重（$G_3$）。
④ 新浇筑混凝土对模板侧面的压力（$G_4$）。
⑤ 施工人员及施工设备产生的荷载（$Q_1$）。
⑥ 浇筑和振捣混凝土时产生的荷载（$Q_2$）。
⑦ 泵送混凝土或不均匀堆载等附加水平荷载（$Q_3$）。
⑧ 风荷载（$Q_4$）。

进行各项模板设计时，参与模板及支架承载力计算的荷载项见表1。

**表1  参与模板及支架承载力计算的荷载项（部分）**

| 计算内容 | 参与荷载项 |
| --- | --- |
| 底面模板承载力 |  |
| 支架水平杆及节点承载力 | $G_1$、$G_2$、$G_3$、$Q_1$ |

续表

| 计算内容 | 参与荷载项 |
| --- | --- |
| 支架立杆承载力 |  |
| 支架结构整体稳定 |  |

某部位标准层楼板模板支撑架设计剖面示意图如图1所示。

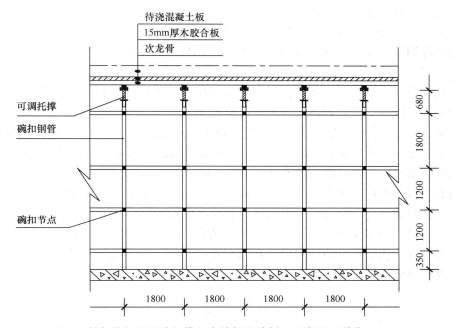

图1 某部位标准层楼板模板支撑架设计剖面示意图（单位：mm）

【问题】

1. 《项目疫情防控措施》规定的"四区"中除施工区外还有哪些？施工现场主要防疫物资有哪些？需要消毒的重点场所还有哪些？

2. 作为混凝土浇筑模板的材料种类都有哪些？（如木材）

3. 写出表1中其他模板与支架承载力计算内容项目的参与荷载项。（如支架水平杆及节点承载力：$G_1$、$G_2$、$G_3$、$Q_1$）

4. 指出图1中模板支撑架剖面图中的错误之处。

（二）

**【背景资料】**

某新建住宅群体工程，包含10栋装配式高层住宅，5栋现浇框架小高层公寓，1栋社区活动中心及地下车库，总建筑面积31.5万 $m^2$。开发商通过邀请招标确定甲公司为总承包施工单位。

开工前，项目部综合工程设计、合同条件、现场场地分区移交、陆续开工等因素编制本工程施工组织总设计，其中施工进度总计划在项目经理领导下编制，编制过程中，项目经理发现该计划编制说明中仅有编制的依据，未体现计划编制应考虑的其他要素，要求编制人员补充。

社区活动中心开工后，由项目技术负责人组织专业工程师根据施工进度总计划编制社区活动中心施工进度计划，内部评审中项目经理提出工作C、G、J由于特殊工艺共同租赁一台施工机具，在工作B、E按计划完成的前提下，考虑该机具租赁费用较高，尽量连续施工，要求对进度计划进行调整。经调整，最终形成既满足工期要求又经济可行的进度计划。社区活动中心调整后的部分施工进度计划如图2所示。

公司对项目部进行月度生产检查时发现，因连续小雨影响，工作D实际进度较计划进度滞后2天，要求项目部在分析原因的基础上制定进度事后控制措施。

本工程完成全部结构施工内容后，在主体结构验收前，项目部制定了结构实体检验专项方案，委托具有相应资质的检测单位在监理单位见证下对涉及混凝土结构安全的有代表性的部位进行钢筋保护层厚度等检测，检测项目全部合格。

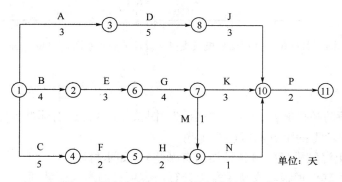

图2 社区活动中心施工进度计划（部分）

**【问题】**

1. 指出背景资料中施工进度计划编制中的不妥之处。施工进度总计划编制说明还包含哪些内容？
2. 列出图2调整后有变化的逻辑关系（以工作节点表示，如：① ⟶ ②或② ----▸ ③）。计算调整后的总工期，列出关键线路（以工作名称表示，如：A→D）。
3. 按照施工进度事后控制要求，社区活动中心应采取的措施有哪些？
4. 主体结构混凝土子分部包含哪些分项工程？结构实体检验还应包含哪些检测项目？

(三)

**【背景资料】**

某企业新建研发中心大楼工程,地下1层,地上16层,总建筑面积28000m²,基础为钢筋混凝土预制桩,二层以上为装配式混凝土结构,外墙装饰部分为玻璃幕墙,实行项目总承包管理。

在静压预制桩施工时,桩基专业分包单位按照"先深后浅,先大后小,先长后短,先密后疏"的顺序进行,上部采用卡扣式接桩方法,接头高出地面0.8m。桩基施工后经检测,有1%的Ⅱ类桩。

项目部编制了包括材料采购等内容的材料质量控制环节,材料进场时,材料员等相关管理人员对进场材料进行了验收,并将包括材料的品种、型号和外观检查等内容的质量验证记录上报监理单位备案,监理单位认为,项目部上报的材料质量验证记录内容不全,要求补充后重新上报。

二层装配式叠合构件安装完毕准备浇筑混凝土时,监理工程师发现该部位没有进行隐蔽验收,下达了整改通知单,指出装配式结构叠合构件的钢筋工程必须按质量合格证明书的牌号、规格、数量、位置以及间距等隐蔽工程的内容分别验收合格后,再进行叠合构件的混凝土浇筑。

工程竣工验收后,参建各方按照合同约定及时整理了工程归档资料。幕墙承包单位在整理了工程资料后,移交了建设单位。项目总承包单位、监理单位、建设单位也分别将归档后的工程资料按照国家现行有关法规和标准的规定进行了移交。

**【问题】**

1. 桩基的沉桩顺序是否正确?卡扣式接桩高出地面0.8m是否妥当并说明理由。桩身的完整性有几类?写出Ⅱ类桩的缺陷特征。

2. 质量验证记录还有哪些内容?材料质量控制环节还有哪些内容?

3. 监理工程师对施工单位发出的整改通知单是否正确?补充叠合构件钢筋工程需进行隐蔽工程验收的内容。

4. 幕墙承包单位的工程资料移交程序是否正确?各相关单位的工程资料移交程序有哪些?

## （四）

**【背景资料】**

某酒店工程，建设单位编制的招标文件部分内容为"工程质量为合格；投标人为本省具有工程总承包一级资质及以上企业；招标有效期为2018年3月1日至2018年4月15日；采取工程量清单计价模式；投标保证金为500.00万元……"。建设行政主管部门认为招标文件中部分条款不当，后经建设单位修改后继续进行招投标工作，共有八家施工企业参加工程项目投标，建设单位对投标人提出的疑问分别以书面形式对应回复给投标人。2018年5月28日确定某企业以2.18亿元中标，其中土方挖运综合单价为25.00元/$m^3$，增值税及附加费为11.50%。双方签订了施工总承包合同，部分合同条款如下：工期自2018年7月1日起至2019年11月30日止；因建设单位责任引起的签证变更费用予以据实调整；工程质量标准为优良。工程量清单附表中约定，拆除工程为520.00元/$m^3$；零星用工为260.00元/工日……

基坑开挖时，承包人发现地下位于基底标高以上部位，埋有一条尺寸为25m×4m×4m（外围长×宽×高）、厚度均为400mm的废弃混凝土泄洪沟。建设单位、承包人、监理单位共同确认并进行了签证。

承包人对某月砌筑工程的目标成本与实际成本进行对比，结果见表2。

表2　砌筑工程目标成本与实际成本对比表

| 项目 | 单位 | 目标成本 | 实际成本 |
| --- | --- | --- | --- |
| 砌筑量 | 千块 | 970.00 | 985.00 |
| 单价 | 元/千块 | 310.00 | 332.00 |
| 损耗率 | % | 1.5 | 2 |
| 成本 | 元 | 305210.50 | 333560.40 |

建设单位负责采购的部分装配式混凝土构件，提前一个月运抵施工场地，承包人会同监理单位清点验收后，承包人为了节约施工场地进行了集中堆放。由于叠合板堆放层数过多，致使下层部分构件产生裂缝。两个月后建设单位在承包人准备安装该批构件时知悉此事，遂要求承包人对构件进行检测并赔偿损坏构件的损失。承包人则称构件损坏是由于发包人提前运抵施工现场所致，不同意检测和承担损失，并要求建设单位增加支付两个月的构件保管费用。

施工招标时，工程量清单中C25钢筋综合单价为4443.84元/t，钢筋材料单价暂定为2500.00元/t，数量为260.00t。结算时经双方核实实际用量为250.00t，经业主签字认可采购价格为3500.00元/t，钢筋损耗率为2%。承包人将钢筋综合单价的明细分别按照钢筋上涨幅度进行调整，调整后的钢筋综合单价为6221.38元/t。

**【问题】**

1. 指出招投标过程中有哪些不妥之处？并分别说明理由。
2. 承包人在基坑开挖过程中的签证费用是多少元？（保留小数点后两位）
3. 砌筑工程各因素对实际成本的影响各是多少元？（保留小数点后两位）
4. 承包人不同意建设单位要求的做法是否正确？并说明理由。承包人可获得多少个月的保管费？
5. 承包人调整C25钢筋工程量清单的综合单价是否正确？说明理由。并计算该清单项结算综合单价和结算价款各是多少元？（保留小数点后两位）

## （五）

**【背景资料】**

某办公楼工程，地下2层，地上18层，框筒结构，地下建筑面积0.4万 $m^2$，地上建筑面积2.1万 $m^2$。某施工单位中标后，派赵佑项目经理组织施工。

施工至5层时，公司安全部叶军带队对该项目进行了定期安全检查，检查过程依据标准JGJ 59的相关内容进行，项目安全总监张帅也全过程参加，最终检查结果见表3。

表3  某办公楼工程建筑施工安全检查评分汇总表

| 工程名称 | 建筑面积（万 $m^2$） | 结构类型 | 总计得分 | 检查项目内容及分值 | | | | | | | | |
|---|---|---|---|---|---|---|---|---|---|---|---|---|
| 某办公楼 | （A） | 框筒结构 | 检查前总分（B） | 安全管理10分 | 文明施工15分 | 脚手架10分 | 基坑工程10分 | 模板支架10分 | 高处作业10分 | 施工用电10分 | 外用电梯10分 | 塔式起重机10分 | 施工机具5分 |
| | | | 检查后得分（C） | 8 | 12 | 8 | 7 | 8 | 8 | 9 | — | 8 | 4 |
| | | | 评语：该项目安全检查总得分为（D）分，评定等级为（E） | | | | | | | | | | |
| 检查单位 | 公司安全部 | 负责人 | 叶军 | 受检单位 | 某办公楼项目部 | 项目负责人 | （F） | | | | | | |

公司安全部门在年初的安全检查规划中按相关要求明确了对项目安全检查的主要形式，包括定期安全检查、开工、复工安全检查、季节性安全检查等，确保项目施工过程全覆盖。

进入夏季后，公司项目管理部对该项目的工人宿舍和食堂进行了检查，个别宿舍内床铺均为2层，住有18人，设置有生活用品专用柜；窗户为封闭式窗户，防止他人进入；通道的宽度为0.8m；食堂办理了卫生许可证，3名炊事人员均有身体健康证，上岗中符合个人卫生相关规定。检查后项目管理部对工人宿舍的不足提出了整改要求，并限期达标。

工程竣工后，根据合同要求相关部门对该工程进行绿色建筑评价。评价指标中，"生活便利"项分值相对较低；施工单位将该评分项"出行与无障碍"等4项指标进行了逐一分析，以便得到改善。评价分值见表4。

表4  某办公楼工程绿色建筑评价分值

| 评价内容 | 控制项基本分值 $Q_0$ | 评价指标及分值 | | | | | 提高与创新加分得分 $Q_A$ |
|---|---|---|---|---|---|---|---|
| | | 安全耐久 $Q_1$ | 健康舒适 $Q_2$ | 生活便利 $Q_3$ | 资源节约 $Q_4$ | 环境宜居 $Q_5$ | |
| 评价分值 | 400 | 90 | 80 | 75 | 80 | 80 | 120 |

**【问题】**

1. 写出表3中A到F所对应的内容（如：A：×万 $m^2$）。施工安全评定结论分几个等级？最终评价的依据有哪些？

2. 建筑工程施工安全检查还有哪些形式？

3. 指出工人宿舍管理的不妥之处并改正。在炊事人员上岗期间，从个人卫生角度还有哪些具体管理规定？

4. 列式计算该工程绿色建筑评价总得分 $Q$。该建筑属于哪个等级？还有哪些等级？"生活便利"评分项还有哪些指标？

# 2020年度真题参考答案及解析

## 一、单项选择题

| | | | | |
|---|---|---|---|---|
| 1. A； | 2. B； | 3. C； | 4. A； | 5. C； |
| 6. B； | 7. D； | 8. B； | 9. C； | 10. A； |
| 11. C； | 12. A； | 13. D； | 14. B； | 15. C； |
| 16. D； | 17. D； | 18. A； | 19. C； | 20. D。 |

【解析】

1. A。本题考核的是筒体结构。在高层建筑中，特别是超高层建筑中，水平荷载越来越大，起着控制作用。这种结构体系可以适用于高度不超过300m的建筑。

2. B。本题考核的是线荷载。建筑物原有的楼面或层面上的各种面荷载传到梁上或条形基础上时，可简化为单位长度上的分布荷载，称为线荷载 $q$。

3. C。本题考核的是纵向受力普通钢筋品种。纵向受力普通钢筋可采用HRB400、HRB400E、HRBF400、HRBF400E、HRB500、HRB500E、HRBF500、HRBF500E钢筋。国家标准规定，有较高要求的抗震结构适用的钢筋牌号为：常用的热轧钢筋品种中已有带肋钢筋牌号后加E（例如：HRB500E、HRBF500E）的钢筋。故选项C正确。

4. A。本题考核的是混凝土拌合物的和易性。工地上常用坍落度试验来测定混凝土拌合物的坍落度或坍落扩展度，作为流动性指标，坍落度或坍落扩展度越大表示流动性越大。

5. C。本题考核的是混凝土立方体抗压强度。按国家标准，制作边长为150mm的立方体试件，在标准条件（温度20±2℃，相对湿度95%以上）下，养护到28d龄期，测得的抗压强度值为混凝土立方体试件抗压强度，以 $f_{cu}$ 表示，单位为 $N/mm^2$ 或MPa。

6. B。本题考核的是外加剂的适用范围。早强剂可加速混凝土硬化和早期强度发展，缩短养护周期，加快施工进度，提高模板周转率，多用于冬期施工或紧急抢修工程。

7. D。本题考核的是天然大理石最主要的特性。质地较密实、抗压强度较高、吸水率低、质地较软，属碱性中硬石材。故选项A、B、C错误。大理石的化学成分有CaO、MgO、$SiO_2$ 等。其中，CaO和MgO的总量占50%以上，故大理石属碱性石材。故选项D正确。

8. B。本题考核的是中空玻璃的特性。中空玻璃的特性：光学性能良好；保温隔热、降低能耗；防结露；良好的隔声性能。

9. C。本题考核的是直角坐标法。当建筑场地的施工控制网为方格网或轴线形式时，采用直角坐标法放线最为方便。

10. A。本题考核的是验槽方法。验槽方法主要采用观察法，而对于基底以下的土层不可见部位，要先辅以钎探法配合共同完成。

11. C。本题考核的是烧结普通砖砌体。设有钢筋混凝土构造柱的抗震多层砖房，应先绑扎钢筋，而后砌砖墙，最后浇筑混凝土。

12. A。本题考核的是高层钢结构的安装。多层及高层钢结构吊装，在分片区的基础上，多采用综合吊装法。

13. D。本题考核的是全玻幕墙。全玻幕墙面板与玻璃肋的连结胶缝必须采用硅酮结构密封胶，可以现场打注。

14. B。本题考核的是倒置式屋面基本构造的顺序。倒置式屋面基本构造自下而上宜由结构层、找坡层、找平层、防水层、保温层及保护层组成。

15. C。本题考核的是配电箱与开关箱的设置。配电箱、开关箱的金属箱体、金属电器安装板以及电器正常不带电的金属底座、外壳等必须通过 PE 线端子板与 PE 线做电气连接，金属箱门与金属箱体必须采用编织软铜线做电气连接。

16. D。本题考核的是环境保护技术要点。施工现场污水排放要与所在地县级以上人民政府市政管理部门签署污水排放许可协议，申领《临时排水许可证》。

17. D。本题考核的是施工现场动火审批程序。一级动火作业由项目负责人组织编制防火安全技术方案，填写动火申请表，报企业安全管理部门审查批准后，方可动火，如钢结构的安装焊接。

18. A。本题考核的是单位工程竣工验收。建设单位收到工程竣工报告后，应由建设单位项目负责人组织监理、施工、设计、勘察等单位项目负责人进行单位工程验收。

19. C。本题考核的是民用建筑内部各部位装修材料的燃烧性能等级。上述备选项中，宾馆、办公楼和住宅楼的墙面装饰材料燃烧性能等级均为 $B_1$ 级，仅医院病房墙面装饰材料燃烧性能等级为 A 级。

20. D。本题考核的是基坑支护结构选型。排桩的适用条件：（1）适用于基坑侧壁安全等级一、二、三级；（2）悬臂式结构在软土场地中不宜大于 5m；（3）当地下水位高于基坑底面时，宜采用降水、排桩加截水帷幕或地下连续墙。

## 二、多项选择题

21. B、C、D、E；    22. C、D、E；    23. A、C、D、E；
24. A、B、C、E；    25. A、D、E；    26. A、E；
27. A、B、D、E；    28. B、D；       29. A、C、E；
30. A、B、D。

【解析】

21. B、C、D、E。本题考核的是防火卷帘构造的基本要求。设在疏散走道上的防火卷帘应在卷帘的两侧设置启闭装置，并应具有自动、手动和机械控制的功能。

22. C、D、E。本题考核的是钢筋代换。钢筋代换除应满足设计要求的构件承载力、最大力下的总伸长率、裂缝宽度验算以及抗震规定外，还应满足最小配筋率、钢筋间距、保护层厚度、钢筋锚固长度、接头面积百分率及搭接长度等构造要求。

23. A、C、D、E。本题考核的是建筑幕墙的防雷构造要求。防雷构造连接均应进行隐蔽工程验收。故选项 B 排除。

24. A、B、C、E。本题考核的是高温天气施工技术管理。高温天气施工时，钢构件预拼装宜按照钢结构安装状态进行定位，并应考虑预拼装与安装时的温差变形。钢结构安装校正时应考虑温度、日照等因素对结构变形的影响。故选项 D 表述错误较明显。

25. A、D、E。本题考核的是事故应急救援预案。事故应急救援预案应提出详尽、实用、明确和有效的技术措施与组织措施。

26. A、E。本题考核的是建筑安全生产事故分类。从建筑活动的特点及事故的原因和性质来看，建筑安全事故可以分为四类，即生产事故、质量问题、技术事故和环境事故。

27. A、B、D、E。本题考核的是垂直运输设备。垂直运输设备大致分四大类：塔式起重机；施工电梯；物料提升架；混凝土泵。

28. B、D。本题考核的是民用建筑的分类。选项A、C、E属于Ⅱ类民用建筑工程。

29. A、C、E。本题考核的是土方回填。（1）施工前应检查基底的垃圾、树根等杂物清除情况，测量基底标高、边坡坡率，检查验收基础外墙防水层和保护层等。回填料应符合设计要求，并应确定回填料含水量控制范围、铺土厚度、压实遍数等施工参数。（2）施工中应检查排水系统、每层填筑厚度、辗迹重叠程度、含水量控制、回填土有机质含量、压实系数等。当采用分层回填时，应在下层的压实系数经试验合格后进行上层施工。填筑厚度及压实遍数应根据土质、压实系数及压实机具确定。

30. A、B、D。本题考核的是保温材料的进场复验。屋面节能工程使用的保温隔热材料，进场时应对其导热系数或热阻、密度、抗压强度或压缩强度、吸水率、燃烧性能（不燃材料除外）进行复验，复验应为见证取样送检。

### 三、实务操作和案例分析题

（一）

1. （1）还有：材料加工和存放区、办公区、生活区；
（2）主要防疫物资有体温计（测温仪）、口罩、消毒液（消毒剂、酒精）；
（3）需消毒的重点场所还有：食堂（厨房）、盥洗室（淋浴间）、厕所（卫生间）。
2. 模板的材料种类有：胶合板、钢材、竹、塑料、玻璃钢、铝合金、土、砖、混凝土。
3. 模架承载力计算的荷载是：
底面模板承载力：$G_1$、$G_2$、$G_3$、$Q_1$；
支架立杆承载力：$G_1$、$G_2$、$G_3$、$Q_1$、$Q_4$；
支架整体稳定：$G_1$、$G_2$、$G_3$、$Q_1$、$Q_4$（或$Q_3$）。
4. 模板支撑架图1中的错误有：
（1）立杆间距过大（超规范要求、大于1.5m、1800mm）；
（2）最上层水平杆过高（超规范要求、1800mm）；
（3）立柱间无斜撑杆（应设斜撑杆、剪刀撑）；
（4）立杆顶层悬臂较高（680mm、不大于650mm）；
（5）立杆底无垫板（底座、直接接触楼板）。

（二）

1. 不妥1：项目经理领导下编制施工进度总计划；
不妥2：社区活动中心开工后，编制施工进度计划；
不妥3：项目技术负责人组织编制单位工程施工进度计划。
编制说明需补充：假定条件、指标说明、实施重点、实施难点、风险估计、应对措施。
2. 调整后，逻辑关系变化的有：④----→⑥和⑦----→⑧；

调整后的总工期：16 天；

关键线路为：B→E→G→K→P，B→E→G→J→P。

3. 制定保证社区活动中心工期不突破的对策措施；

制定社区活动中心工期突破后的补救措施；

调整计划，并组织协调相应的配套设施（资源）和保障措施。

4. 混凝土结构子分部包括的分项工程有：模板、钢筋、混凝土、装配式结构。

检测项目还包括混凝土强度、结构位置与尺寸偏差以及合同约定（其他）的项目。

（三）

1. 沉桩顺序不正确。

卡扣式接桩高出地面 0.8m 不妥当。

理由：应高出地面 1~1.5m（在此范围内均得分）。

桩身的完整性有 4（四、Ⅳ）类。

Ⅱ类桩的缺陷特征是：桩身有轻微缺陷，不影响承载力的正常发挥。

2. 材料质量验证记录还有：材料规格、见证取样和合格证（检测报告）。

建筑材料质量控制的环节还有：材料的进场试验检验（复检）、过程保管（存放、存储）、材料使用。

3. 监理工程师下达的整改通知单正确。

钢筋工程需进行隐蔽工程验收的内容还有：

钢筋箍筋弯钩角度及平直段长度、连接方式、接头数量、接头位置、接头面积的百分比率、搭接长度、锚固方式、锚固长度及预埋件。

4. 幕墙承包单位的工程资料移交程序不正确。

各相关单位的工程资料移交程序是：

专业承包（幕墙）单位向施工总承包单位移交。

总承包（施工）单位向建设单位移交。

监理单位向建设单位移交。

建设单位向城建档案管理部门（档案馆）移交。

（四）

1. 招投标工作中的不妥之处和理由分别如下：

不妥 1：投标人为本省具有施工总承包一级资质的企业。

理由：不得排斥（或不合理条件限制）潜在投标人。

不妥 2：投标保证金 500 万元。

理由：不超投标总价的 2%。

不妥 3：对投标人提出的疑问分别以书面形式对应回复给投标人。

理由：应以书面形式回复给所有（每个）的投标人。

不妥 4：2018 年 5 月 28 日确定中标单位。

理由：应在招标文件截止日起 30 天内确定中标单位。

（或：2018 年 4 月 15 日起至 2018 年 5 月 28 日的期限超过了 30 天）

不妥 5：工程质量标准为优良。

理由：与招标文件规定不相符（或不得签订背离合同实质性影响内容的其他协议）。

2．（1）因废弃泄洪沟减少土方挖运体积为：25×4×4＝400.00m³。

（2）废沟混凝土拆除量为：泄洪沟外围体积－空洞体积

$$400-3.2×3.2×25＝144.00m^3$$

（3）工程签证金额为：拆除混凝土总价－土方体积总价（泄洪沟所占总价）

＝144×520×（1+11.5%）－400×25×（1+11.5%）＝72341.20元。

3．以目标305210.50＝970×310×1.015为分析替代的基础。

（1）第一次替代砌筑量因素：

以985替代970，985×310×1.015＝309930.25元。

第二次代换以332代替310，985×332×1.015＝331925.30元。

第三次代换以1.02代替1.015，985×332×1.02＝333560.40元。

（2）计算差额：

第一次替代与目标数的差额为：309930.25－305210.50＝4719.75元，说明砌筑量增加使成本增加了4719.75元。

第二次替代与第一次替代的差额为：331925.30－309930.25＝21995.05元，单价上升使成本增加了21995.05元。

第三次替代与第二次替代的差额为：333560.40－331925.30＝1635.10元，说明损耗率提高使成本增加了1635.10元。

4．（1）承包人不同意进行检测和承担损失的做法不正确。

（2）理由：因为双方签订的合同措施费中包括了检验试验费（或承包人应进行检测）。由于施工单位责任，承包人保管不善导致的损失，应由承包人承担对应的损失。

（3）承包人可获得1个月的保管费。

5．承包人调整的综合单价调整方法不正确。

钢材的差价应直接在该综合单价上增减材料价差调整。

不应当调整综合单价中的人工费、机械费、管理费和利润。

该清单项目结算综合单价：

4443.84+（3500－2500）×（1+2%）＝5463.84元。

结算价款为：5463.84×250×（1+11.50%）＝1523045.40元。

（五）

1．A：2.5万m²；B：90分；C：72分；D：80分；E：优良；F：赵佑。

安全评定结论分3个等级。

最终评价的依据是：汇总表得分（或总分）和保证项目达标情况。

2．还有的形式：

日常巡查、专项检查、经常性安全检查、节假日安全检查、专业性安全检查、设备安全验收检查、设施安全验收检查。

3．（1）不妥1：窗户为封闭式窗户；正确做法：应为开启式窗户。

不妥2：通道宽度0.8m；正确做法：应不小于0.9m（900mm）。

不妥3：每间住有18人；正确做法：应每间不超过16人。

（2）对炊事人员上岗期间个人卫生具体管理规定：

穿戴洁净的工作服、工作帽、口罩、不得穿工作服出食堂、勤洗手。

4. 该工程绿色建筑评价总得分 $Q$：

$$Q = (Q_0 + Q_1 + Q_2 + Q_3 + Q_4 + Q_5 + Q_A)/10$$
$$= (400 + 90 + 80 + 75 + 80 + 80 + 100)/10$$
$$= 90.5 \text{ 分}$$

该建筑属于：三星级；还有：基本级、一星级、二星级。

"生活便利"评分项指标还有：服务设施、智慧运行、物业管理。

# 《建筑工程管理与实务》

# 考前冲刺试卷（一）及解析

学习遇到问题？
扫码在线答疑

## 《建筑工程管理与实务》考前冲刺试卷（一）

**一、单项选择题**（共20题，每题1分。每题的备选项中，只有1个最符合题意）

1. 根据《民用建筑设计统一标准》GB 50352—2019，建筑高度为66m的非单层公共建筑属于（　　）。
   A. 单层建筑　　　　　　　　B. 多层建筑
   C. 高层建筑　　　　　　　　D. 超高层建筑

2. 医院病房楼室内疏散楼梯的最小净宽度是（　　）m。
   A. 1.30　　　　　　　　　　B. 1.20
   C. 1.10　　　　　　　　　　D. 1.00

3. 对设计工作年限为50年的钢-混凝土组合结构构件的混凝土强度等级不应低于（　　）。
   A. C20　　　　　　　　　　B. C25
   C. C30　　　　　　　　　　D. C35

4. 钢结构用钢主要是热轧成型的钢板和型钢等，钢板最小厚度大于（　　）mm为厚板，主要用于结构。
   A. 3　　　　　　　　　　　B. 4
   C. 5　　　　　　　　　　　D. 6

5. 一般在有抗冲击作用要求的商店、银行、橱窗、隔断及水下工程等安全性能高的场所或部位采用的是（　　）。
   A. 钢化玻璃　　　　　　　　B. 防火玻璃
   C. 平板玻璃　　　　　　　　D. 夹层玻璃

6. 适用于工业与民用建筑的屋面及地下防水工程，以及道路、桥梁等工程的防水，尤其适用于较高气温环境的建筑防水材料是（　　）。
   A. 沥青复合胎柔性防水卷材
   B. 弹性体（SBS）改性沥青防水卷材
   C. 塑性体（APP）改性沥青防水卷材
   D. 三元丁橡胶防水卷材

7. 工程测量用水准仪的主要功能是（　　）。
   A. 直接测量待定点的高程

B. 测量两个方向之间的水平夹角
C. 测量两点间的高差
D. 直接测量竖直角

8. 能使物质聚集成液体或固体,特别是在与固体接触的液体附着层中,致使液体浸润固体或不浸润固体的工程性能是(  )。
   A. 内摩擦角            B. 内聚力
   C. 黏聚力              D. 弹性模量

9. 适用于处理地下水位以下的黏性土、粉土、砂土、填土、碎石土及风化岩等地基的是(  )。
   A. 长螺旋钻孔灌注成桩      B. 螺旋钻中心压灌成桩
   C. 振动沉管灌注成桩        D. 泥浆护壁成孔灌注成桩

10. 常用模板中,重量轻、拼缝好、周转快、成型误差小、利于早拆体系应用。但成本较高、强度比钢模板小,目前应用日趋广泛的是(  )。
    A. 组合铝合金模板          B. 组合钢模板
    C. 钢框木胶合板模板        D. 钢大模板

11. 薄壳、装配式结构、钢结构及大跨度建筑屋面的防水层,应选用(  )的防水材料。
    A. 适应变形能力强          B. 耐穿刺
    C. 耐长期水浸              D. 耐霉变

12. 轻钢龙骨罩面板隔墙的施工工艺是(  )。
    A. 墙位放线→水电等管道安装→龙骨安装→墙体填充材料→安装两侧饰面板→板缝处理
    B. 墙位放线→龙骨安装→水电等管道安装→墙体填充材料→安装两侧饰面板→板缝处理
    C. 墙位放线→龙骨安装→安装一侧饰面板→墙体填充材料→水电等管道安装→安装另一侧饰面板→板缝处理
    D. 墙位放线→安装龙骨→机电管线安装→安装横撑龙骨(需要时)→门窗等洞口制作→安装罩面板(一侧)→安装填充材料(岩棉)→安装罩面板(另一侧)→板缝处理

13. 雨水回收后可直接用于(  )等。
    A. 现场洒水控制扬尘        B. 混凝土试块养护用水
    C. 绿化                    D. 结构养护用水

14. 混凝土工程在冬期施工时正确的做法是(  )。
    A. 采用蒸汽养护时,宜选用矿渣硅酸盐水泥
    B. 确定配合比时,宜选择较大的水胶比和坍落度
    C. 水泥、外加剂、矿物掺合料可以直接加热
    D. 当需要提高混凝土强度等级时,应按提高前的强度等级确定受冻临界强度

15. 某建设单位领取施工许可证后因故4个月未能开工,又未申请延期,该施工许可证(  )。
    A. 自行废止                B. 重新检验
    C. 继续有效                D. 自动延期

16. 根据《绿色建造技术导则(试行)》(建办质〔2021〕9号),建筑垃圾产生量应

控制在现浇钢筋混凝土结构每万平方米不大于（　　）t。
A. 200　　　　　　　　　　　　B. 300
C. 400　　　　　　　　　　　　D. 500

17. 单位工程施工组织设计应由（　　）审批。
A. 总承包单位负责人　　　　　　B. 施工单位技术负责人
C. 项目负责人　　　　　　　　　D. 项目技术负责人

18. 砖柱水平灰缝和竖向灰缝的饱满度不得低于（　　）。
A. 80%　　　　　　　　　　　　B. 85%
C. 90%　　　　　　　　　　　　D. 95%

19. 下列做法中，符合现场文明施工管理要求的是（　　）。
A. 伙房、库房兼作宿舍
B. 宿舍设置可开启式外窗，床铺为3层
C. 宿舍室内净高为2.6m
D. 每间宿舍居住人员18人

20. 预应力混凝土结构中，严禁使用（　　）。
A. 减水剂　　　　　　　　　　　B. 膨胀剂
C. 速凝剂　　　　　　　　　　　D. 含氯化物的外加剂

二、多项选择题（共10题，每题2分。每题的备选项中，有2个或2个以上符合题意，至少有1个错项。错选，本题不得分；少选，所选的每个选项得0.5分）

21. 有关楼地面建筑构造要求的说法，正确的有（　　）。
A. 楼面装修前，应先在此处楼板上下作保温处理
B. 幼儿园建筑中乳儿室、活动室、寝室及音体活动室宜为暖性、弹性地面
C. 不发火（防爆的）面层采用的碎石应选用大理石、白云石
D. 受较大荷载作用的地面，应选用刚性材料
E. 应在楼面面层与楼板之间和与墙接合处加弹性阻尼材料隔绝振动传声

22. 可变作用应根据设计要求采用（　　）。
A. 准永久值　　　　　　　　　　B. 组合值
C. 代表值　　　　　　　　　　　D. 频遇值
E. 标准值

23. 混凝土拌合物的和易性是一项综合性技术性能，包括（　　）。
A. 流动性　　　　　　　　　　　B. 黏聚性
C. 保水性　　　　　　　　　　　D. 抗渗性
E. 抗冻性

24. 关于深基坑土方开挖的说法，正确的有（　　）。
A. 分层厚度宜控制在2m以内
B. 采用土钉墙支护的基坑开挖应分层分段进行
C. 多级放坡开挖时，坡间平台宽度不小于2m
D. 采用逆作法的基坑开挖面积较大时，宜采用盆式开挖
E. 要制定土方工程专项方案并通过专家论证

25. 关于预制构件工程施工的说法，正确的有（　　）。
A. 预制剪力墙板安装就位前，应在墙板底部设置调平装置

B. 多层剪力墙采用坐浆材料时，铺设厚度不宜大于30mm
C. 预制剪力墙板外墙应以轴线控制
D. 预制叠合梁临时支撑应在后浇混凝土强度达到设计要求后方可拆除
E. 预制梁安装顺序应遵循先次梁、后主梁，先低后高的原则

26. 常用的金属幕墙板材主要有（    ）等。
    A. 铝塑复合板              B. 单层铝板
    C. 不锈钢板                D. 蜂窝铝板
    E. 铝合金型材板

27. 根据《民用建筑通用规范》GB 55031—2022，关于临空部位设置防护栏杆的说法，正确的有（    ）。
    A. 栏杆应能承受相应的水平荷载
    B. 栏杆高度应按所在楼地面或屋面至扶手顶面的垂直高度计算
    C. 栏杆垂直高度不应小于1.30m
    D. 如底面有宽度大于或等于0.22m，且高度不大于0.45m的可踏部位，应按楼地面或屋面至扶手顶面的垂直高度计算栏杆高度
    E. 栏杆应以坚固、耐久的材料制作

28. 关于建筑工程招标投标的说法，错误的有（    ）。
    A. 应遵循公开、公平、公正和诚实信用的原则
    B. 招标人不得邀请特定的投标人
    C. 公开招标的项目应该发布招标公告
    D. 招标文件中应载明投标有效期
    E. 分批组织部分投标人踏勘现场

29. 流水施工的时间参数包括（    ）。
    A. 流水节拍              B. 流水步距
    C. 施工过程              D. 流水强度
    E. 流水施工工期

30. 根据《建筑施工安全检查标准》JGJ 59—2011，"附着式升降脚手架"检查评定中的保证项目有（    ）。
    A. 安全作业              B. 附着支座
    C. 架体安装              D. 架体升降
    E. 安全装置

### 三、实务操作和案例分析题（共5题，（一）、（二）、（三）题各20分，（四）、（五）题各30分）

#### （一）

**【背景资料】**

新建住宅楼工程，地下1层，地上15层，裙房3层。主楼为剪力墙结构，裙房为混凝土框架结构，裙房临近主楼之间留有后浇带。项目所处位置要求文明施工程度较高，施工单位中标后有序开展工程施工。

项目部按照绿色施工要求制定了管理量化指标，部分指标见表1。施工过程中，通过信息化手段监测并分析施工现场噪声、有害气体、固体废弃物等各类污染物。

表 1　绿色施工管理量化指标（部分）

| 序号 | 项目 | 目标控制点 | 控制指标 |
|---|---|---|---|
| 1 | 噪声控制 | 昼间噪声 | 昼间监测≤A dB |
|  |  | 夜间噪声 | 夜间监测≤B dB |
| 2 | 节材控制 | 主要建筑实体材料损耗率 | 比定额损耗率降低50%以上 |
|  |  | 模板周转次数 | 至少不低于C次 |
| 3 | 节地控制 | 施工用地 | 临建设施占地面积有效利用率大于90% |
| 4 | 职业健康安全 | 个人防护器具配备 | 其中电焊工个人防护器具配备率D% |

项目部编制的施工组织设计中，对消防管理提出了具体要求，强调建立消防安全职责并落实责任，包括落实消防安全制度、建立消防组织机构等内容。办公区域的灭火器按要求设置在明显的位置，如房间出入口、走廊等，便于应急使用。

公司对项目部进行安全检查时发现以下违规之处：
（1）安全帽使用期超过3年；
（2）地下室后浇带附近水平模板随其他模板一起拆除后，回顶后浇带两边楼板；
（3）木工作业人员佩戴防护手套进行平刨操作；
（4）三层结构施工时，开始按要求搭设人员进出通道防护棚；
（5）办公区配电箱PE线上装设了开关。

裙房在结构施工期间，外围搭设了落地式作业钢管脚手架，脚手架的设计考虑了永久荷载和可变荷载，包括：脚手板、安全网、栏杆等附件的自重，其他永久荷载和其他可变荷载等。

【问题】
1. 答出表1中A、B、C、D处的控制指标。通过信息化手段监测的施工现场污染物还有哪些？
2. 消防安全管理的职责和责任还有哪些？办公区域还有哪些位置需要设置灭火器？
3. 答出安全检查出来的违规之处的正确做法。
4. 脚手架设计永久荷载和可变荷载还包括哪些？作业脚手架还有哪些类型？

## （二）

**【背景资料】**

某新建高层住宅项目，地下1层，地上20层，建筑面积18000m²。施工单位组建总承包项目部进场组织施工。

项目部提出了现场文明施工管理做到围挡、大门、标牌标准化，材料码放整齐化等"六化"的基本要求。施工现场大门处设置了包括工程概况牌、管理人员名单及监督电话牌、施工现场总平面图等"五牌一图"。

公司主管部门检查了临时用电安全技术档案，内容包括了用电组织设计资料，电气设备试验、检验凭单和调试记录，接地电阻、绝缘电阻和漏电保护器漏电动作参数测定记录表等。同时指出了以下问题：土建工程师编制临时用电组织设计；总配电箱设置在用电设备相对集中区域的中心地带；开关箱内装配总漏电保护器；由编制人和使用单位进行验收。

悬挑脚手架搭设到设计高度后，监理工程师组织总承包单位技术负责人（授权委派技术人员）、项目负责人等相关人员进行验收。验收内容包括技术资料（专项施工方案、产品合格证、检查记录）等。

项目部按照《建筑施工安全检查标准》JGJ 59—2011对现场悬挑式脚手架、起重吊装等评定项目进行检查评定，分项检查评分表无零分项，汇总表得分78分。起重吊装项目检查包括了施工方案、起重机械等保证项目和高处作业等一般项目。

**【问题】**

1. 现场文明施工管理"六化"中安全设施、生活设施、职工行为、工作生活的基本要求是什么？"五牌一图"的内容还有哪些？
2. 改正临时用电管理中的错误做法。临时用电安全技术档案的内容还有哪些？
3. 脚手架验收内容还有哪些？总承包单位参与危大工程（悬挑脚手架）验收的人员还有哪些？
4. 本次安全检查评定的等级是什么？分别写出起重吊装检查评定的保证项目和一般项目还有哪些。

（三）

**【背景资料】**

某群体工程由甲、乙、丙三个独立的单体建筑组成，预制装配式混凝土结构。每个单体均有四个施工过程：基础、主体结构、二次结构、装饰装修。每个单体作为一个施工段，四个施工过程采用四个作业队组织无节奏流水施工。三个单体各施工过程流水节拍见表2。总工期最短的流水施工进度计划如图1所示。

表2　三个单体各施工过程流水节拍表

| 序号 | 施工段 | 施工过程 | | | |
| --- | --- | --- | --- | --- | --- |
| | | 基础 | 主体结构 | 二次结构 | 装饰装修 |
| 1 | 甲栋 | A | B | 2 | 3 |
| 2 | 乙栋 | 4 | 3 | C | 2 |
| 3 | 丙栋 | 2 | 3 | D | E |

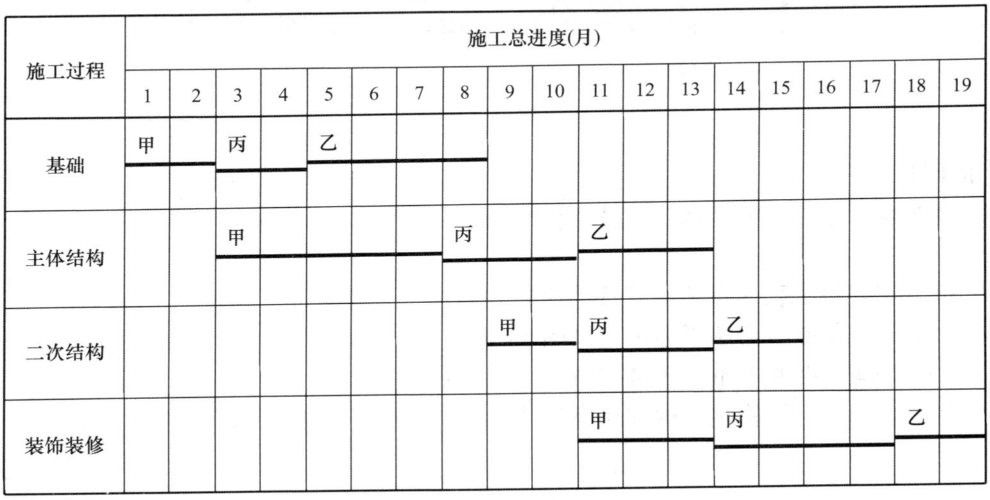

| 施工过程 | 施工总进度（月） | | | | | | | | | | | | | | | | | | |
| --- | --- | --- | --- | --- | --- | --- | --- | --- | --- | --- | --- | --- | --- | --- | --- | --- | --- | --- | --- |
| | 1 | 2 | 3 | 4 | 5 | 6 | 7 | 8 | 9 | 10 | 11 | 12 | 13 | 14 | 15 | 16 | 17 | 18 | 19 |
| 基础 | 甲 | 甲 | 丙 | 丙 | 乙 | 乙 | 乙 | 乙 | | | | | | | | | | | |
| 主体结构 | | | 甲 | 甲 | 甲 | 丙 | 丙 | 丙 | 乙 | 乙 | 乙 | | | | | | | | |
| 二次结构 | | | | | | | | | 甲 | 甲 | 丙 | 丙 | 丙 | 乙 | 乙 | | | | |
| 装饰装修 | | | | | | | | | | | 甲 | 甲 | 甲 | 丙 | 丙 | 丙 | 丙 | 乙 | 乙 |

图1　流水施工进度计划图

政府主管部门检查《建设工程质量检测管理办法》（住房和城乡建设部第57号令）执行情况：施工单位委托了监理单位控股的具有检测资质的检测机构负责工程的质量检测工作；建设单位按照合同采购一批钢材时，要求钢材供应商在总承包单位材料人员见证下，从其货场对该批钢材取样送检，检测合格后送到施工现场使用。要求相关单位对存在的问题进行整改。

总承包项目部预制剪力墙板施工记录中留存有包含施工放线、墙板起吊、安装就位、临时支撑、连接灌浆等施工工序的图像资料，详见图2~图6。资料显示，墙板安装就位后，通过可调临时支撑和垫片调整墙板安装偏差满足规范要求。

图2

图3

图4

图5

图6

**【问题】**

1. 补充表2中A~E处的流水节拍（如A-2）。甲栋、乙栋、丙栋的施工工期各是多少？
2. 指出《建设工程质量检测管理办法》执行中的不妥之处，并写出正确做法。
3. 分别写出预制剪力墙板施工记录图2~图6代表的施工工序（如图2墙板起吊）。写出五张图片的施工顺序（如2-3-4-5-6）。
4. 装配式混凝土结构预制构件还有哪些？墙板就位后测量的偏差项目都有哪些？

(四)

**【背景资料】**

某新建办公楼，地下1层，地上12层，建筑高度44m，结构类型为钢筋混凝土框架剪力墙结构。

工程开始施工后，施工单位根据《建筑与市政工程防水通用规范》GB 55030—2022对原施工组织设计进行了修改。

钢筋工程施工前，作业人员依据钢筋配料单，进行了钢筋调直和表面除锈，一层梁、板钢筋安装完成后，施工单位第一时间通知监理单位进行钢筋隐蔽工程验收。

二次结构填充墙砌体施工时，作业人员按照设计图纸要求进行填充墙砌体砌筑。

砌体与构造柱的连接处采用先浇柱后砌墙的施工顺序，并按要求设置拉结钢筋。

监理工程师进行施工现场安全检查时发现，主体结构施工到10层时，临时消防设施安装至6层，消防设施采用了黄色提示标志。为了节约成本，施工单位将管径为75mm的临时消防竖管用作施工用水管线。

节能分部工程完工后，专业监理工程师组织并主持节能分部工程验收，施工单位项目负责人、项目技术负责人和相关专业的负责人、质量检查员、施工员；施工单位的质量负责人；分包单位负责人、节能设计人员参加了验收。

**【问题】**

1. 施工过程中，施工组织设计应及时进行修改或补充的情况还有哪些？
2. 钢筋加工除调直和除锈外，还有哪些加工工作？
3. 指出施工单位在钢筋隐蔽工程验收程序中的不妥之处，并说明理由。
4. 指出二次结构填充墙砌体施工中的不妥之处，并写出正确做法。
5. 针对监理工程师在施工现场安全检查中发现的问题，写出正确做法。
6. 针对节能分部工程验收中的不妥之处，写出正确做法。

(五)

**【背景资料】**

某新建住宅工程,地上18层,首层为非标准层,结构为现浇混凝土,工期380d。2层~18层为标准层,采用装配式结构体系。其中,墙体以预制墙板为主,楼板以预制叠合板为主。所有构件通过塔式起重机吊装。

经验收合格的预制构件按计划要求分批进场,构件生产单位向施工单位提供了相关质量证明文件。

某A型预制叠合板,进场后在指定区域按不超过6层码放。最下层直接放在通长型钢支垫上,其他层与层之间使用垫木。垫木距板端300mm,间距1800mm。

预制叠合板安装工艺包含:①测量放线;②支撑架体搭设;③叠合板起吊;④位置、标高确认;⑤叠合板落位;⑥支撑架体调节;⑦摘钩。

存放区靠放于专用支架的某B型预制外墙板,与地面倾斜角度为60°。即将起吊时突遇6级大风及大雨,施工人员立即停止作业,塔式起重机吊钩仍挂在外墙板预埋吊环上。风雨过后,施工人员直接将该预制外墙板吊至所在楼层,利用外轮廓线控制就位后,设置2道可调斜撑临时固定。

验收合格后进行叠合层和叠合板接缝处混凝土浇筑。

**【问题】**

1. 预制构件进场前,应对构件生产单位设置的哪些内容进行验收?预制构件进场时,构件生产单位提供的质量证明文件包含哪些内容?

2. 针对A型预制叠合板码放的不妥之处,写出正确做法。

3. 根据背景资料,写出预制叠合板安装的正确顺序(用序号表示,示例如①②③④⑤⑥⑦)。

4. 针对B型预制外墙板在靠放和吊装过程中的不妥之处,写出正确做法。

5. 叠合层混凝土宜采取哪种方式进行浇筑?接缝处混凝土浇筑完毕后采取的保湿养护方式有哪些?其养护时间不应少于多少天?

# 考前冲刺试卷（一）参考答案及解析

## 一、单项选择题

| | | | | |
|---|---|---|---|---|
| 1. C； | 2. A； | 3. D； | 4. B； | 5. D； |
| 6. C； | 7. C； | 8. C； | 9. D； | 10. A； |
| 11. A； | 12. D； | 13. A； | 14. A； | 15. A； |
| 16. B； | 17. B； | 18. C； | 19. C； | 20. D。 |

【解析】

1. C。本题考核的是民用建筑的分类。建筑高度大于27m的住宅建筑和建筑高度大于24m的非单层公共建筑，且高度不大于100m，为高层民用建筑。

2. A。本题考核的是楼梯防火、防烟、疏散的要求。室内疏散楼梯的最小净宽度见表3。

表3 室内疏散楼梯的最小净宽度

| 建筑类别 | 疏散楼梯的最小净宽度(m) |
|---|---|
| 医院病房楼 | 1.30 |
| 居住建筑 | 1.10 |
| 其他建筑 | 1.20 |

3. D。本题考核的是结构混凝土强度等级的选用。结构混凝土强度等级的选用应满足工程结构的承载力、刚度及耐久性需求。对设计工作年限为50年的混凝土结构，结构混凝土的强度等级尚应符合下列规定。对设计工作年限大于50年的混凝土结构，结构混凝土的最低强度等级应比下列规定提高。

（1）素混凝土结构构件的混凝土强度等级不应低于C20；钢筋混凝土结构构件的混凝土强度等级不应低于C25；预应力混凝土楼板结构的混凝土强度等级不应低于C30，其他预应力混凝土结构构件的混凝土强度等级不应低于C40；钢-混凝土组合结构构件的混凝土强度等级不应低于C30。

（2）承受重复荷载作用的钢筋混凝土结构构件，混凝土强度等级不应低于C30。

（3）抗震等级不低于二级的钢筋混凝土结构构件，混凝土强度等级不应低于C30。

（4）采用500MPa及以上等级钢筋的钢筋混凝土结构构件，混凝土的强度等级不应低于C30。

4. B。本题考核的是钢结构用钢的基本情况。钢结构用钢主要是热轧成型的钢板和型钢等。钢板材包括钢板、花纹钢板、建筑用压型钢板和彩色涂层钢板等。钢板规格表示方法为宽度×厚度×长度（单位为mm）。钢板分厚板（厚度>4mm）和薄板（厚度≤4mm）两种。厚板主要用于结构，薄板主要用于屋面板、楼板和墙板等。

5. D。本题考核的是安全玻璃。夹层玻璃有着较高的安全性，一般在建筑上用于高层建筑的门窗、天窗、楼梯栏板和有抗冲击作用要求的商店、银行、橱窗、隔断及水下工程等安全性能高的场所或部位等。夹层玻璃不能切割，需要选用定型产品或按尺寸定制。

6. C。本题考核的是建筑防水材料。改性沥青防水卷材主要有弹性体（SBS）改性沥青防水卷材、塑性体（APP）改性沥青防水卷材、沥青复合胎柔性防水卷材、自粘橡胶改性沥青防水卷材、改性沥青聚乙烯胎防水卷材以及道桥用改性沥青防水卷材等。其中，SBS卷材适用于工业与民用建筑的屋面及地下防水工程，尤其适用于较低气温环境的建筑防水。APP卷材适用于工业与民用建筑的屋面及地下防水工程，以及道路、桥梁等工程的防水，尤其适用于较高气温环境的建筑防水。

7. C。本题考核的是水准仪的功能。水准仪是进行水准测量的主要仪器，主要功能是测量两点间的高差，它不能直接测量待定点的高程，但可由控制点的已知高程来推算测点的高程。

8. C。本题考核的是岩土的工程性能。黏聚力能使物质聚集成液体或固体。特别是在与固体接触的液体附着层中，由于黏聚力与附着力相对大小的不同，致使液体浸润固体或不浸润固体。

9. D。本题考核的是水泥粉煤灰碎石桩。水泥粉煤灰碎石桩，简称CFG桩，是在碎石桩的基础上掺入适量石屑、粉煤灰和少量水泥，加水拌合后制成具有一定强度的桩体。根据现场条件可选用下列施工工艺：

（1）长螺旋钻孔灌注成桩：适用于地下水位以上的黏性土、粉土、素填土、中等密实以上的砂土地基；

（2）长螺旋钻中心压灌成桩：适用于黏性土、粉土、砂土和素填土地基；

（3）振动沉管灌注成桩：适用于粉土、黏性土及素填土地基；

（4）泥浆护壁成孔灌注成桩：适用地下水位以下的黏性土、粉土、砂土、填土、碎石土及风化岩等地基。

10. A。本题考核的是组合钢模板体系的优点。组合铝合金模板：由铝合金带肋面板、端板、主次肋焊接而成，用于现浇混凝土结构施工的一种组合模板。其重量轻、拼缝好、周转快、成型误差小、利于早拆体系应用。但成本较高、强度比钢模板小，目前应用日趋广泛。

11. A。本题考核的是防水材料选择的基本原则。防水材料选择的基本原则：

（1）外露使用的防水层，应选用耐紫外线、耐老化、耐候性好的防水材料；

（2）上人屋面，应选用耐霉变、拉伸强度高的防水材料；

（3）长期处于潮湿环境的屋面，应选用耐腐蚀、耐霉变、耐穿刺、耐长期水浸等性能的防水材料；

（4）薄壳、装配式结构、钢结构及大跨度建筑屋面，应选用耐候性好、适应变形能力强的防水材料；

（5）倒置式屋面应选用适应变形能力强、接缝密封保证率高的防水材料；

（6）坡屋面应选用与基层粘结力强、感温性小的防水材料。

12. D。本题考核的是轻质骨架隔墙施工工艺。工艺流程：放线→安装龙骨→机电管线安装→安装横撑龙骨（需要时）→门窗等洞口制作→安装罩面板（一侧）→安装填充材料（岩棉）→安装罩面板（另一侧）→板缝处理。

13. A。本题考核的是施工现场水收集综合利用技术。雨水回收利用技术：在施工现场中将雨水收集后，经过雨水渗蓄、沉淀等处理，集中存放再利用。回收水可直接用于冲刷厕所、施工现场洗车及现场洒水控制扬尘。经过处理或水质达到要求的水体可用于绿化、结构养护用水以及混凝土试块养护用水等。

14. A。本题考核的是冬期施工配制混凝土。冬期施工配制混凝土宜选用硅酸盐水泥或普通硅酸盐水泥。采用蒸汽养护时，宜选用矿渣硅酸盐水泥。冬期施工混凝土配合比应根据施工期间环境气温、原材料、养护方法、混凝土性能要求等经试验确定，并宜选择较小的水胶比和坍落度。水泥、外加剂、矿物掺合料不得直接加热，应事先贮于暖棚内预热。当施工需要提高混凝土强度等级时，应按提高后的强度等级确定受冻临界强度。

15．A。本题考核的是申请延期开工的规定。建设单位应当自领取施工许可证之日起3个月内开工。因故不能按期开工的，应当向发证机关申请延期；延期以两次为限，每次不超过3个月。既不开工又不申请延期或者超过延期次数、时限的，施工许可证自行废止。

16．B。本题考核的是绿色施工。《绿色建造技术导则（试行）》（建办质〔2021〕9号）规定，应采取措施减少固体废弃物产生，建筑垃圾产生量应控制在现浇钢筋混凝土结构每万平方米不大于300t，装配式建筑每万平方米不大于200t（不包括工程渣土、工程泥浆）。

17．B。本题考核的是建筑施工组织设计管理的基本规定。施工组织总设计应由总承包单位技术负责人审批；单位工程施工组织设计应由施工单位技术负责人或技术负责人授权的技术人员审批；施工方案应由项目技术负责人审批；重点、难点分部（分项）工程和专项工程（含危险性较大分部分项工程）施工方案应由施工单位技术部门组织相关专家评审，施工单位技术负责人批准。

18．C。本题考核的是砌体结构工程质量检验。砌体灰缝砂浆应密实饱满，砖墙水平灰缝的砂浆饱满度不得低于80%，砖柱水平灰缝和竖向灰缝的饱满度不得低于90%。

19．C。本题考核的是现场文明施工管理要点。在建工程内、伙房、库房不得兼作宿舍。故选项A错误。宿舍必须设置可开启式外窗，床铺不得超过2层。故选项B错误。宿舍室内净高不得小于2.5m。故选项C正确。每间宿舍居住人员不得超过16人。故选项D错误。

20．D。本题考核的是混凝土结构工程施工质量验收规范。混凝土外加剂检验报告中应有碱含量指标，预应力混凝土结构中严禁使用含氯化物的外加剂。混凝土结构中使用含氯化物的外加剂时，混凝土的氯化物总含量应符合规定。

## 二、多项选择题

21．A、B、C、E；　　22．A、B、D、E；　　23．A、B、C；
24．B、D、E；　　　25．A、D；　　　　　　26．A、B、C、D；
27．A、B、E；　　　28．B、E；　　　　　　29．A、B、E；
30．B、C、D、E。

【解析】

21．A、B、C、E。本题考核的是楼地面的建筑构造要求。受较大荷载或有冲击力作用的地面，应根据使用性质及场所选用易于修复的块材、混凝土或粒料、灰土类等柔性材料。

22．A、B、D、E。本题考核的是作用（荷载）的分类。结构上的作用根据时间变化特性应分为永久作用、可变作用和偶然作用，其代表值应符合下列规定：

（1）永久作用，应采用标准值；

（2）可变作用应根据设计要求采用标准值、组合值、频遇值或准永久值；

（3）偶然作用应按结构设计使用特点确定其代表值。

23．A、B、C。本题考核的是混凝土拌合物的和易性。和易性是一项综合的技术性质，包括流动性、黏聚性和保水性三方面的含义。

24．B、E。本题考核的是深基坑的土方开挖。分层厚度宜控制在3m以内。多级放坡开挖时，坡间平台宽度不小于3m。

25．A、D。本题考核的是装配式混凝土结构工程施工。预制剪力墙板安装时，当采用灌浆套筒连接、浆锚搭接连接时，夹芯保温外墙板应在保温材料部位采用弹性密封材料进行封堵；墙板需要分仓灌浆的，采用坐浆料进行分仓；多层剪力墙采用坐浆材料时，应均匀铺设，厚度不宜大于20mm。墙板以轴线和轮廓线为控制线，外墙应以轴线和轮廓线双控制。预制梁和叠合梁、板安装顺序应遵循先主梁、后次梁，先低后高的原则。

26. A、B、C、D。本题考核的是金属幕墙板材。常用的金属幕墙板材主要有单层铝板、铝塑复合板、蜂窝铝板、不锈钢板等4类。

27. A、B、E。本题考核的是建筑部件与构造的规定。《民用建筑通用规范》GB 55031—2022规定，阳台、外廊、室内回廊、中庭、内天井、上人屋面及楼梯等处的临空部位应设置防护栏杆（栏板），并应符合下列规定：

（1）栏杆（栏板）应以坚固、耐久的材料制作，应安装牢固，并应能承受相应的水平荷载；

（2）栏杆（栏板）垂直高度不应小于1.10m。栏杆（栏板）高度应按所在楼地面或屋面至扶手顶面的垂直高度计算，如底面有宽度大于或等于0.22m，且高度不大于0.45m的可踏部位，应按可踏部位顶面至扶手顶面的垂直高度计算。

28. B、E。本题考核的是施工招标的主要管理要求。根据施工招标的主要管理要求，招标投标活动应当遵循公开、公平、公正和诚实信用的原则，故选项A说法正确。招标分为公开招标和邀请招标，故选项B说法错误。公开招标的项目，应当依照《招标投标法》和《招标投标法实施条例》的规定发布招标公告、编制招标文件，故选项C说法正确；招标人应当在招标文件中载明投标有效期，故选项D说法正确。招标人不得组织单个或者部分潜在投标人踏勘项目现场，故选项E说法错误。

29. A、B、E。本题考核的是流水施工参数。选项C、D属于工艺参数。

30. B、C、D、E。本题考核的是《建筑施工安全检查标准》JGJ 59—2011各检查表检查项目的构成。"附着式升降脚手架"检查评定保证项目应包括：施工方案、安全装置、架体构造、附着支座、架体安装、架体升降。一般项目包括：检查验收、脚手板、架体防护、安全作业。

## 三、实务操作和案例分析题

（一）

1. A、B、C、D处的控制指标：A，70；B，55；C，6；D，100。

通过信息化手段监测的施工现场污染物还有：扬（粉、灰）尘（PM2.5、PM10）、光、污水。

2. 消防安全管理的职责和责任还有：消防安全操作规程、消防应急预案及演练（演习）、消防设施平面布置、组织义务消防队（人员）。

办公区域还有以下位置需要设置灭火器：通（过）道、门厅、楼梯平台。

3. 安全检查出来的违规之处的正确做法：

（1）安全帽使用年限不得超过2年；

（2）后浇带附近水平模板严禁（禁止、不能、不得、不应、不可）随其他模板一起拆除；

（3）严禁（禁止、不能、不得、不应、不可）戴手套进行平刨操作；

（4）结构施工自二层起，开始搭设符合要求的防护棚；

（5）配电箱PE线严禁（禁止、不能、不得、不应、不可）装设开关。

4. 脚手架设计永久荷载和可变荷载还包括：脚手架（结构件）自重、施工荷载、风荷载。

作业脚手架的类型还有：悬挑（臂）脚手架、附着式（升降、爬升）脚手架。

（二）

1. 现场文明施工管理"六化"中安全设施、生活设施、职工行为、工作生活的基本要求是：安全设施规范（标准）化、生活设施整洁（齐）化、职工行为文明化、工作生活秩序化。"五牌一图"的内容还有：消防保卫牌、安全生产牌、文明施工和环境保护牌。

2. 改正临时用电管理中的错误做法：

（1）改正一：电气（专业）技术人员编制用电组织设计。

（2）改正二：总配电箱设置在靠近变压器（外电源）处（或分配电箱设置在用电设备相对集中区域的中心地带）。

（3）改正三：总配电箱内装配总漏电保护器（或开关箱内装配末级漏电保护器）。

（4）改正四：经编制、审核（单位技术人员）、批准（监理）部门和使用单位共同验收。

临时用电安全技术档案的内容还有：修改用电组织设计的资料；用电技术交底资料；用电工程检查验收表；定期检查表；电工安装、巡检、维修、拆除工作记录。

3. 脚手架验收内容还有：材料与构配件质量、搭设场地、支承结构件（连接件）的固定、架体搭设质量。

总承包单位参与危大工程（悬挑脚手架）验收的人员还有：项目（总工）技术负责人、专职安全人员、专项方案编制人员。

4. 本次安全检查评定的等级是：合格。

起重吊装检查评定的保证项目：钢丝绳与地锚、索（工）具、作业环境、作业人员。

起重吊装检查评定的一般项目：起重吊装、构件码放、警戒监护。

（三）

1. 表2中A~E处的流水节拍：A-2，B-5，C-2，D-3，E-4。

甲栋、乙栋、丙栋的施工工期：甲栋13个月，乙栋15个月，丙栋15个月。

2. 《建设工程质量检测管理办法》执行中的不妥之处及正确做法：

（1）不妥之处一：施工单位委托检测机构。

正确做法：应由建设单位委托检测机构。

（2）不妥之处二：委托监理单位控股的检测机构。

正确做法：检测机构与工程相关单位不得有隶属关系或利益关系（或委托独立的第三方检测机构）。

（3）不妥之处三：总包单位材料人员见证。

正确做法：应由建设单位或监理单位的人员见证。

（4）不妥之处四：在货场对该批钢材取样送检。

正确做法：应在施工现场（或进场）取样。

3. 预制剪力墙板施工记录图2~图6代表的施工工序：图2墙板起吊；图3施工放线；图4临时支撑；图5连接灌浆；图6安装就位。

五张图片的施工顺序：3-2-6-4-5。

4. 装配式混凝土结构预制构件还有：柱、梁、板、楼梯、阳台板。

墙板就位后测量的偏差项目有：水平（轴线、位置）偏差、垂直（竖向）偏差、标高（高程）偏差。

（四）

1. 施工组织设计应及时进行修改或补充的情况还有：（1）工程设计有重大修改；（2）有关法律、法规、规范和标准实施、修订和废止；（3）主要施工方法有重大调整；

15

(4) 主要施工资源配置有重大调整；(5) 施工环境有重大改变。

2. 钢筋加工除调直和除锈外，加工工作还有钢筋下料切断、接长、弯曲成型。

3. 施工单位在钢筋隐蔽工程验收程序中的不妥之处：钢筋安装完成后，施工单位第一时间通知监理单位进行钢筋隐蔽验收；

正确做法：施工单位应先进行自检，自检合格后通知监理验收。

4. 二次结构填充墙砌体施工中的不妥之处：砌体与构造柱的连接处采用先浇柱后砌墙的施工顺序；

正确做法：砌体与构造柱的连接处应先砌墙再浇柱。

5. 监理工程师在施工现场安全检查中发现的问题的正确做法：

正确做法一：主体结构与临时消防设施应同步设置，差距不超过3层。

正确做法二：消防设施应采用红色提示标志。

正确做法三：消防竖管严禁用作施工用水管线。

6. 节能分部工程验收中的不妥之处与正确做法：

不妥之处一：专业监理工程师组织并主持分部节能工程验收。

正确做法一：应当由总监理工程师组织并主持分部节能工程验收。

不妥之处二：节能分部工程验收参加人员不全。

正确做法二：除题干人员外，还需设计单位项目负责人、主要设备、材料供应商参加验收。

（五）

1. 预制构件进场前，应对构件生产单位设置的构件编号、构件标识进行验收。

预制构件进场时，构件生产单位应提供的质量证明文件应包括以下内容：(1) 出厂合格证；(2) 混凝土强度检验报告；(3) 钢筋复验单；(4) 钢筋套筒等其他构件钢筋连接类型的工艺检验报告；(5) 合同要求的其他质量证明文件。

2. 针对A型预制叠合板码放的不妥之处的正确做法：

正确做法一：预制构件堆放时，预制构件与支架、预制构件与地面之间宜设置柔性衬垫保护。

正确做法二：垫木间距不大于1600mm。

3. 预制叠合板安装的正确顺序：①②⑥③⑤④⑦。

4. B型预制外墙板在靠放和吊装过程中的不妥之处的正确做法：

正确做法一：采用靠放方式时，预制外墙板宜对称靠放、饰面朝外，且与地面倾斜角度不宜小于80°。

正确做法二：塔式起重机停止作业时应解钩。

正确做法三：将塔式起重机吊钩升起。

正确做法四：大风大雨过后应先试吊。

正确做法五：确认塔式起重机制动器灵敏可靠。

正确做法六：外墙应以轴线和外轮廓线双控制。

5. 叠合层混凝土浇筑宜采取由中间向两边的方式。

接缝处混凝土浇筑完毕后采取的保湿养护方式有洒水、覆膜、喷涂养护剂等养护方式。

其养护时间不应少于14d。

# 《建筑工程管理与实务》
# 考前冲刺试卷（二）及解析

学习遇到问题？
扫码在线答疑

## 《建筑工程管理与实务》考前冲刺试卷（二）

一、单项选择题（共20题，每题1分。每题的备选项中，只有1个最符合题意）

1. 适用的建筑结构体系、合理的构造方式以及可行的施工方案，可以做到高效率、低能耗，这体现的是建筑设计要求中的（　　）。
　　A. 满足建筑功能要求　　　　　　B. 采用合理的技术措施
　　C. 符合总体规划要求　　　　　　D. 考虑建筑美观要求

2. 适用缝宽为 50～500mm，可用于有抗震设防要求的地区及有较高变形要求的部位的变形缝是（　　）。
　　A. 防滑型变形缝　　　　　　　　B. 承重型变形缝
　　C. 抗震型变形缝　　　　　　　　D. 封缝型变形缝

3. 一级抗震等级剪力墙的边缘构件竖向钢筋宜采用（　　）。
　　A. 焊接　　　　　　　　　　　　B. 套筒灌浆连接
　　C. 机械连接　　　　　　　　　　D. 预留孔洞搭接连接

4. 在常用水泥中，凝结硬化最快的水泥是（　　）。
　　A. 硅酸盐水泥　　　　　　　　　B. 普通水泥
　　C. 矿渣水泥　　　　　　　　　　D. 复合水泥

5. 用于涂刷浴室、厨房内墙的水溶性内墙涂料是（　　）。
　　A. Ⅰ类　　　　　　　　　　　　B. Ⅱ类
　　C. Ⅲ类　　　　　　　　　　　　D. Ⅳ类

6. 下列地板中，（　　）的规格尺寸大、花色品种较多、铺设整体效果好、色泽均匀、视觉效果好。
　　A. 浸渍纸层压木质地板　　　　　B. 软木地板
　　C. 细木工板复合实木地板　　　　D. 条木地板

7. 可以同时进行角度测量和距离测量的仪器是（　　）。
　　A. 全站仪　　　　　　　　　　　B. 经纬仪
　　C. 水准仪　　　　　　　　　　　D. 激光铅直仪

8. 适用于地下水位以上或降水的非软土基坑，且深度不宜大于12m的支护方法是（　　）。

A. 预应力锚杆复合土钉墙　　　　　　B. 水泥土桩复合土钉墙
C. 单一土钉墙　　　　　　　　　　　D. 微型桩复合土钉墙

9. 在不考虑混凝土收缩当量温度时，混凝土浇筑体里表温差不宜大于（　　）。
   A. 15℃　　　　　　　　　　　　　B. 20℃
   C. 25℃　　　　　　　　　　　　　D. 30℃

10. 砖砌体工程施工中，可以设置脚手眼的墙体是（　　）。
    A. 附墙柱　　　　　　　　　　　　B. 240mm厚墙
    C. 120mm厚墙　　　　　　　　　　D. 清水墙

11. 无外保温外墙的整体防水层采用涂料饰面时，防水层宜采用（　　）。
    A. 普通防水砂浆　　　　　　　　　B. 聚合物水泥防水涂料
    C. 聚氨酯防水涂料　　　　　　　　D. 聚合物乳液防水涂料

12. 吊顶工程施工时，重型吊顶灯具应安装在（　　）。
    A. 主龙骨上　　　　　　　　　　　B. 次龙骨上
    C. 附加吊杆上　　　　　　　　　　D. 饰面板上

13. 建筑信息模型（BIM）元素信息中，属于几何信息的是（　　）。
    A. 材料和材质　　　　　　　　　　B. 尺寸
    C. 规格型号　　　　　　　　　　　D. 施工段

14. 关于砌体工程雨期施工技术的说法，不正确的是（　　）。
    A. 每天砌筑高度不得超过1.0m
    B. 淋雨过湿的砖不得使用
    C. 砂浆在使用过程中严禁随意加水
    D. 雨天不应在露天砌筑墙体

15. 必须单独编制专项施工方案的分部分项工程是（　　）。
    A. 悬挑脚手架工程
    B. 开挖深度为2.5m的基坑支护工程
    C. 采用常规起重设备，单件最大起重量为8kN的起重吊装工程
    D. 搭设高度10m的落地式钢管脚手架工程

16. 根据《建筑环境通用规范》GB 55016—2021，人员处于潜在危险之中的场所，应设置（　　）。
    A. 疏散照明　　　　　　　　　　　B. 安全照明
    C. 警卫照明　　　　　　　　　　　D. 备用照明

17. 下列施工场所中，施工照明电源电压不得大于12V的是（　　）。
    A. 隧道　　　　　　　　　　　　　B. 人防工程
    C. 锅炉内　　　　　　　　　　　　D. 高温场所

18. 与门窗工程相比，幕墙工程必须增加的安全和功能检测项目是（　　）。
    A. 抗风压性能　　　　　　　　　　B. 抗风压性能
    C. 雨水渗透性能　　　　　　　　　D. 层间变形性能

19. 根据《建筑工程绿色施工规范》GB/T 50905—2014，施工现场宜采用（　　）。
    A. 现拌混凝土和现拌砂浆
    B. 现拌混凝土和预拌砂浆

C. 预拌混凝土和预拌砂浆
D. 预拌混凝土和现拌砂浆

20. 操作面狭窄，且有地下水，土体湿度大的土方，可采用（　　）挖土，自卸汽车运土。
   A. 液压正铲挖掘机　　　　　　　B. 液压反铲挖掘机
   C. 液压拉铲挖掘机　　　　　　　D. 液压抓铲挖掘机

二、多项选择题（共10题，每题2分。每题的备选项中，有2个或2个以上符合题意，至少有1个错项。错选，本题不得分；少选，所选的每个选项得0.5分）

21. 框架结构是利用梁、柱组成的纵、横两个方向的框架形成的结构体系，常用于公共建筑、工业厂房等，其特点有（　　）。
   A. 侧向刚度较大　　　　　　　　B. 不会产生过大的侧移
   C. 可形成较大的建筑空间　　　　D. 建筑平面布置灵活
   E. 建筑立面处理比较方便

22. 在钢结构构造中，圆形钢管混凝土柱与钢梁连接节点可采用（　　）。
   A. 钢梁穿心式节点　　　　　　　B. 承重销式节点
   C. 外加强环节点　　　　　　　　D. 隔板贯通节点
   E. 内加强环节点

23. 关于人造饰面石材特点的说法，正确的有（　　）。
   A. 装饰性好　　　　　　　　　　B. 强度大
   C. 价格较高　　　　　　　　　　D. 色泽鲜艳
   E. 耐腐蚀

24. 天然地基验槽重点观察的内容有（　　）。
   A. 基坑周边是否设置排水沟
   B. 基坑的位置、平面尺寸
   C. 基坑底土质的扰动情况
   D. 基槽开挖方法是否先进合理
   E. 是否有浅埋坑穴、古井等

25. 在钢-凝土组合构件的混凝土浇筑前，隐蔽工序验收应检验（　　）。
   A. 组合构件的施工质量　　　　　B. 钢构件施工质量
   C. 连接件的施工质量　　　　　　D. 栓钉的施工质量
   E. 钢筋的施工质量

26. 纤维保温材料进场时应检验的项目有（　　）。
   A. 干密度　　　　　　　　　　　B. 表观密度
   C. 压缩强度　　　　　　　　　　D. 导热系数
   E. 燃烧性能

27. 根据《混凝土结构通用规范》GB 55008—2021，关于混凝土结构施工及验收的说法，正确的有（　　）。
   A. 混凝土在浇筑过程中应适当加水
   B. 大体积混凝土施工应采取混凝土内外温差控制措施
   C. 钢筋机械连接或焊接连接接头应进行力学性能和弯曲性能检验

D. 应对结构混凝土强度进行检验评定，试件应在浇筑地点随机抽取
E. 浇筑过程中散落的混凝土可以直接用于结构浇筑

28. 属于违法分包的情形有（    ）。
A. 施工总承包单位将施工总承包合同范围内的钢结构工程的施工分包给其他单位的
B. 施工总承包单位或专业承包单位将工程分包给不具备相应资质单位的
C. 承包单位将其承包的工程分包给个人的
D. 专业分包单位将其承包的专业工程中非劳务作业部分再分包的
E. 专业作业承包人将其承包的劳务再分包的

29. 工程网络计划费用优化的目的是寻求（    ）。
A. 满足要求工期的条件下使总成本最低的计划安排
B. 使资源强度最小时的最短工期安排
C. 使工程总费用最低时的资源均衡安排
D. 使工程总费用最低时的工期安排
E. 工程总费用固定条件下的最短工期安排

30. 单排脚手架的横向水平杆不应设置在（    ）。
A. 梁垫左右600mm 范围内
B. 宽度小于1.5m 的窗间墙部位
C. 加气块墙部位
D. 过梁净跨度1/2 的高度范围内
E. 砖砌体门窗洞口两侧200mm 范围内

### 三、实务操作和案例分析题（共5题，（一）、（二）、（三）题各20分，（四）、（五）题各30分）

（一）

【背景资料】

某建筑施工单位在新建办公楼工程项目开工前，按《建筑施工组织设计规范》GB/T 50502—2009 规定的单位工程施工组织设计应包含的各项基本内容，编制了本工程的施工组织设计，经相应人员审批后报监理机构，在总监理工程师审批签字后按此组织施工。

在施工组织设计中，施工进度计划以时标网络图（时间单位：月）形式表示。在第8个月末，施工单位对现场实际进度进行检查，并在时标网络图中绘制了实际进度前锋线，如图1所示。

针对检查中所发现实际进度与计划进度不符的情况，施工单位均在规定时限内提出索赔意向通知，并在监理机构同意的时间内上报了相应的工期索赔资料。经监理工程师核实，工序 E 的进度偏差是因为建设单位供应材料原因所导致，工序 F 的进度偏差是因为当地政令性停工导致，工序 D 的进度偏差是因为工人返乡农忙原因导致。根据上述情况，监理工程师对三项工期索赔分别予以批复。

【问题】

1. 本工程的施工组织设计中应包含哪些基本内容？

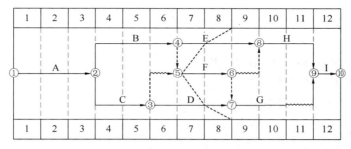

图 1 时标网络图

2. 施工单位哪些人员具备审批单位工程施工组织设计的资格？

3. 写出网络图中前锋线所涉及各工序的实际进度偏差情况；如后续工作仍按原计划的速度进行，本工程的实际完工工期是多少个月？

4. 针对工序 E、工序 F、工序 D，分别判断施工单位上报的三项工期索赔是否成立，并说明相应的理由。

## （二）

**【背景资料】**

某住宅工程，建筑面积 21600m²，基坑开挖深度 6.5m，地下 2 层，地上 12 层，筏板基础，现浇钢筋混凝土框架结构。工程场地狭小，基坑上口北侧 4m 处有 1 栋六层砖混结构住宅楼，东侧 2m 处有一条埋深 2m 的热力管线。

工程由某总承包单位施工，基坑支护由专业分包单位承担。基坑支护施工前，专业分包单位编制了基坑支护专项施工方案，分包单位技术负责人审批签字后报总承包单位备案并直接上报监理单位审查；总监理工程师审核通过。随后分包单位组织了 3 名符合相关专业要求的专家及参建各方相关人员召开论证会，形成论证意见："方案采用土钉喷护体系基本可行，需完善基坑监测方案……，修改完善后通过"。分包单位按论证意见进行修改后拟按此方案实施，但被建设单位技术负责人以不符合相关规定为由要求整改。

主体结构施工期间，施工单位安全主管部门进行施工升降机安全专项检查，对该项目升降机的限位装置、防护设施、安装、验收与使用等保证项目进行了全数检查，均符合要求。

施工过程中，建设单位要求施工单位在 3 层进行了样板间施工，并对样板间室内环境污染物浓度进行检测，检测结果合格；工程交付使用前对室内环境污染物浓度检测时，施工单位以样板间已检测合格为由将抽检房间数量减半，共抽检 7 间，经检测甲醛浓度超标；施工单位查找原因并采取措施后对原检测的 7 间房间再次进行检测，检测结果合格，施工单位认为达标。监理单位提出不同意见，要求调整抽检的房间并增加抽检房间数量。

**【问题】**

1. 根据本工程周边环境现状，基坑工程周边环境必须监测哪些内容？
2. 本项目基坑支护专项施工方案编制到专家论证的过程有何不妥？并说明正确做法。
3. 施工升降机检查和评定的保证项目除背景资料中列出的项目外还有哪些？
4. 施工单位对室内环境污染物抽检房间数量减半的理由是否成立？并说明理由。请说明再次检测时对抽检房间的要求和数量。

（三）

**【背景资料】**

某新建保障性住房工程，总建筑面积 4.8 万 m²，由 2 栋 12 层住宅楼及地下车库组成，基础采用钢筋混凝土灌注桩基础；地下车库为现浇钢筋混凝土框架剪力墙结构，受力钢筋采用直螺纹连接；住宅楼地上三层及以上为装配式钢筋混凝土剪力墙结构，竖向构件钢筋采用套筒灌浆连接。

项目部编制了桩基工程专项施工方案，公司审核时认为以下内容不妥，要求改正。

（1）钢筋笼起吊吊点设在主筋上，安装时采取防变形措施；
（2）泥浆循环清孔后，护壁泥浆相对密度宜控制在 1.15~1.35；
（3）水下灌注桩桩顶标高比设计标高高出 500~1000mm。

地下车库施工中，质检人员对钢筋分项工程进行隐蔽验收，检查内容包括了受力钢筋接头的连接方式、接头位置和箍筋的牌号、规格、数量、位置等。

公司对装配式混凝土结构施工进行了专项检查，发现了以下不妥之处：

（1）预制构件在吊装过程中要求吊索与构件水平夹角不宜大于 60°；
（2）连接钢筋与套筒中心线存在严重偏差影响构件安装时，会同构件生产单位共同制定专项处理方案；
（3）钢筋套筒灌浆作业采用压浆法从下口灌注，当浆料从上口持续流出 30s 后封堵。

总监理工程师组织施工单位、设计单位相关人员对各分部工程进行验收。明确建筑节能分部工程质量验收合格规定包括：

（1）分项工程应全部合格；
（2）质量控制资料应完整等。

**【问题】**

1. 答出桩基工程专项施工方案不妥内容的正确做法。
2. 钢筋分项工程中，受力钢筋接头和箍筋的隐蔽工程检查验收内容还有哪些？
3. 答出装配式混凝土结构施工不妥内容的正确做法。
4. 需要设计单位参加验收的分部工程有哪些？节能分部工程质量验收合格规定还有哪些？

(四)

**【背景资料】**

某新建住宅工程,建筑面积1.5万 $m^2$,地下2层,地上11层。钢筋混凝土剪力墙结构,室内填充墙体采用蒸压加气混凝土砌块,水泥砂浆砌筑。室内卫生间采用聚氨酯防水涂料,水泥砂浆粘贴陶瓷饰面板。

项目部针对工程特点,进行了重大危险源的辨识,编制了专项应急救援预案。

项目部编制了绿色施工方案,确定了"四节一环保"的目标和措施。

一批 $\phi 8$ 钢筋进场后,施工单位及时通知见证人员到场进行取样等见证工作,见证人员核查了检测项目等有关见证内容,要求这批钢筋单独存放,待验证资料齐全,完成其他进场验证工作后才能使用。

监理工程师审查"填充墙砌体施工方案"时,指出以下错误内容:砌块使用时,产品龄期不小于14d;砌筑砂浆可现场人工搅拌;砌块使用时提前2d浇水湿润;卫生间墙体底部用灰砂砖砌200mm高坎台;填充墙砌筑可通缝搭砌;填充墙与主体结构连接钢筋采用化学植筋方式,进行外观检查验收。要求改正后再报。

卫生间装修施工中,记录有以下事项:穿楼板止水套管周围二次浇筑混凝土抗渗等级与原混凝土相同;陶瓷饰面板进场时检查放射性限量检测报告合格;地面饰面板与水泥砂浆结合层分段先后铺设;防水层、设备和饰面板层施工完成后,一并进行一次蓄水、淋水试验。

施工单位依据施工工程量等因素,按照一个检验批不超过300$m^3$砌体,单个楼层工程量较少时可多个楼层合并等原则,制订了填充墙砌体工程检验批计划,报监理工程师审批。

**【问题】**

1. 根据重大危险源辨识,本工程专项应急救援预案中包括哪几项主要内容?
2. 在绿色施工方案中,"四节一环保"的内容是什么?
3. 见证检测时,什么时间通知见证人员到场见证?见证人员应核查的见证内容是什么?该批进场验证不齐的钢筋还需完成什么验证工作才能使用?
4. 逐项改正填充墙砌体施工方案中的错误之处。
5. 指出卫生间施工记录中的不妥之处,写出正确做法。
6. 检验批划分的考虑因素有哪些?指出砌体工程检验批划分中的不妥之处,写出正确做法。

（五）

**【背景资料】**

某企业新建办公楼工程，地下1层，地上16层，建筑高度55m，地下建筑面积3000m²，总建筑面积21000m²，现浇混凝土框架结构。一层大厅高12m、长32m，大厅处有3道后张预应力混凝土梁。合同约定："……工程开工时间为2016年7月1日，竣工日期为2017年10月31日，总工期488d；冬期停工35d；弱电、幕墙工程由专业分包单位施工……"。总包单位与幕墙单位签订了专业分包合同。

本工程框架梁模板支撑体系高度9.6m，属于超过一定规模的危险性较大的分部分项工程。施工单位编制了超过一定规模的危险性较大的模板工程专项施工方案。

建设单位组织召开了超过一定规模的危险性较大的模板工程专项施工方案专家论证会，设计单位项目技术负责人以专家身份参会。

大厅后张预应力混凝土梁浇筑完成25d后，生产经理凭经验判定混凝土强度已达到设计要求，随即安排作业人员拆除了梁底模板并准备进行预应力张拉。

外墙装饰完成后，施工单位安排工人拆除外脚手架。在拆除过程中，上部钢管意外坠落击中下部施工人员，造成1名工人死亡。

**【问题】**

1. 总包单位与专业分包单位签订分包合同过程中，应重点落实哪些安全管理方面的工作？
2. 对于模板支撑工程，除搭设高度超过8m及以上外，还有哪几项属于超过一定规模的危险性较大分部分项工程范围？
3. 指出专家论证会组织形式的错误之处，说明理由。专家论证包含哪些主要内容？
4. 预应力混凝土梁底模拆除工作有哪些不妥之处？并说明理由。
5. 安全事故分几个等级？本次安全事故属于哪种安全事故？当交叉作业无法避开在同一垂直方向上操作时，应采取什么措施？

# 考前冲刺试卷（二）参考答案及解析

## 一、单项选择题

1. B；　　2. C；　　3. B；　　4. A；　　5. A；
6. A；　　7. A；　　8. C；　　9. C；　　10. B；
11. A；　 12. C；　 13. B；　 14. A；　 15. A；
16. B；　 17. C；　 18. D；　 19. C；　 20. B。

【解析】

1. B。本题考核的是建筑设计要求。采用合理的技术措施能为建筑物安全、有效地建造和使用提供基本保证。根据所设计项目建筑空间组合的特点，正确地选用相关的建筑材料和技术，尤其是适用的建筑结构体系、合理的构造方式以及可行的施工方案，可以做到高效率、低能耗，并兼顾建筑物在建造阶段及较长使用周期中的各种相关要求，达到可持续发展的目的。

2. C。本题考核的是变形缝的分类。抗震型变形缝：适用缝宽为 50～500mm。可用于有抗震设防要求的地区及有较高变形要求的部位。

3. B。本题考核的是剪力墙结构设计要求。一级抗震等级剪力墙以及二、三级抗震等级底部加强部位，剪力墙的边缘构件竖向钢筋宜采用套筒灌浆连接。

4. A。本题考核的是水泥的主要特性。常用水泥的主要特性见表1。

表1　常用水泥的主要特性表

| 品种 | 硅酸盐水泥 | 普通水泥 | 矿渣水泥 | 火山灰水泥 | 粉煤灰水泥 | 复合水泥 |
|---|---|---|---|---|---|---|
| 主要特性 | ①凝结硬化快、早期强度高<br>②水化热大<br>③抗冻性好<br>④耐热性差<br>⑤耐蚀性差<br>⑥干缩性较小 | ①凝结硬化较快、早期强度较高<br>②水化热较大<br>③抗冻性较好<br>④耐热性较差<br>⑤耐蚀性较差<br>⑥干缩性较小 | ①凝结硬化慢、早期强度低，后期强度增长较快<br>②水化热较小<br>③抗冻性差<br>④耐热性好<br>⑤耐蚀性较好<br>⑥干缩性较大<br>⑦泌水性大、抗渗性差 | ①凝结硬化慢、早期强度低，后期强度增长较快<br>②水化热较小<br>③抗冻性差<br>④耐热性较差<br>⑤耐蚀性较好<br>⑥干缩性较大<br>⑦抗渗性较好 | ①凝结硬化慢、早期强度低，后期强度增长较快<br>②水化热较小<br>③抗冻性差<br>④耐热性较差<br>⑤耐蚀性较好<br>⑥干缩性较小<br>⑦抗裂性较高 | ①凝结硬化慢、早期强度低，后期强度增长较快<br>②水化热较小<br>③抗冻性差<br>④耐蚀性较差<br>⑤其他性能与所掺入的两种或两种以上混合材料的种类、掺量有关 |

5. A。本题考核的是建筑涂料。水溶性内墙涂料的应用：Ⅰ类，用于涂刷浴室、厨房内墙；Ⅱ类，用于涂刷建筑物室内的一般墙面。

6. A。本题考核的是浸渍纸层压木质地板。浸渍纸层压木质地板规格尺寸大、花色品种较多、铺设整体效果好、色泽均匀，视觉效果好；表面耐磨性高，有较高的阻燃性能，耐污染腐蚀能力强，抗压、抗冲击性能好。

7. A。本题考核的是常用测量仪器的性能与应用。全站仪在测站上一经观测，必要的观测数据如斜距、天顶距（竖直角）、水平角等均能自动显示，而且几乎是在同一瞬间内得到平距、高差、点的坐标和高程。

8．C。本题考核的是深基坑支护。单一土钉墙适用于地下水位以上或降水的非软土基坑，且深度不宜大于12m；预应力锚杆复合土钉墙适用于地下水位以上或降水的非软土基坑，且深度不宜大于15m；水泥土桩复合土钉墙用于非软土基坑时，基坑深度不宜大于12m，用于淤泥质土基坑时，基坑深度不宜大于6m，不宜在高水位的碎石土、砂土层中使用；微型桩复合土钉墙适用于地下水位以上或降水的基坑，用于非软土基坑时，基坑深度不宜大于12m，用于淤泥质土基坑时，基坑深度不宜大于6m。当基坑潜在面内有建筑物、重要地下管线时，不宜采用土钉墙。

9．C。本题考核的是大体积混凝土施工温控指标。混凝土浇筑体里表温差（不含混凝土收缩当量温度）不宜大于25℃。

10．B。本题考核的是砖砌体结构工程施工技术。施工脚手眼不得设置在下列墙体或部位：

（1）120mm厚墙、清水墙、料石墙、独立柱和附墙柱；

（2）过梁上部与过梁成60°角的三角形范围及过梁净跨度1/2的高度范围内；

（3）宽度小于1m的窗间墙；

（4）门窗洞口两侧石砌体300mm，其他砌体200mm范围内；转角处石砌体600mm，其他砌体450mm范围内；

（5）梁或梁垫下及其左右500mm范围内；

（6）轻质墙体；

（7）夹心复合墙外叶墙；

（8）设计不允许设置脚手眼的部位。

11．A。本题考核的是外墙防水设计。无外保温外墙的整体防水层设计要求：

（1）采用涂料饰面时，防水层应设在找平层和涂料饰面层之间，防水层宜采用聚合物水泥防水砂浆或普通防水砂浆；

（2）采用块材饰面时，防水层应设在找平层和块材粘结层之间，防水层宜采用聚合物水泥防水砂浆或普通防水砂浆；

（3）采用幕墙饰面时，防水层应设在找平层和幕墙饰面之间，防水层宜采用聚合物水泥防水砂浆、普通防水砂浆、聚合物水泥防水涂料、聚合物乳液防水涂料或聚氨酯防水涂料。

12．C。本题考核的是吊顶工程施工技术要求。吊顶灯具、风口及检修口等应设附加龙骨及吊杆。

13．B。本题考核的是模型元素信息。建筑信息模型（BIM）元素信息包括的内容有：

（1）几何信息：尺寸、定位、空间拓扑关系等；

（2）非几何信息：名称、规格型号、材料和材质、生产厂商、功能与性能技术参数，以及系统类型、施工段、施工方式、工程逻辑关系等。

14．A。本题考核的是雨期施工技术。每天砌筑高度不得超过1.2m。

15．A。本题考核的是危险性较大工程的专项施工方案。危险性较大的分部分项工程必须单独编制专项施工方案。属于危险性较大的分部分项工程是：

（1）开挖深度超过3 m（含3 m）的基坑支护工程；

（2）采用非常规起重设备、方法，且单件起吊重量在10 kN及以上的起重吊装工程；

（3）搭设高度24m及以上的落地式钢管脚手架工程（包括采光井、电梯井脚手架）。

16. B。本题考核的是建筑光环境。《建筑环境通用规范》GB 55016—2021 规定，当下列场所正常照明供电电源失效时，应设置应急照明：

（1）工作或活动不可中断的场所，应设置备用照明；

（2）人员处于潜在危险之中的场所，应设置安全照明；

（3）人员需有效辨认疏散路径的场所，应设置疏散照明。

17. C。本题考核的是施工现场照明用电。施工现场照明用电的控制包括：

（1）一般场所宜选用额定电压为 220V 的照明器；

（2）隧道、人防工程、高温、有导电灰尘、比较潮湿或灯具离地面高度低于 2.5m 等场所的照明，电源电压不得大于 36V；

（3）潮湿和易触及带电体场所的照明，电源电压不得大于 24V；

（4）特别潮湿场所、导电良好的地面、锅炉或金属容器内的照明，电源电压不得大于 12V；

（5）外 220V 灯具距地面不得低于 3m，室内 220V 灯具距地面不得低于 2.5m。

18. D。本题考核的是子分部工程有关安全和功能的检测项目表。建筑装饰装修工程子分部工程有关安全和功能的检测项目见表 2。

表 2 建筑装饰装修工程子分部工程有关安全和功能的检测项目表

| 项次 | 子分部工程 | 检测项目 |
| --- | --- | --- |
| 1 | 门窗工程 | 建筑外窗的气密性能、水密性能和抗风压性能 |
| 2 | 饰面板工程 | 饰面板后置埋件的现场拉拔力 |
| 3 | 饰面砖工程 | 外墙饰面砖样板及工程的饰面砖粘结强度 |
| 4 | 幕墙工程 | (1) 硅酮结构胶的相容性和剥离粘结性；<br>(2) 幕墙后置埋件和槽式预埋件的现场拉拔力；<br>(3) 幕墙的气密性、水密性能、抗风压性能及层间变形性能 |

19. C。本题考核的是主体结构工程绿色施工技术。《建筑工程绿色施工规范》GB/T 50905—2014 规定，施工现场宜采用预拌混凝土和预拌砂浆。现场搅拌混凝土和砂浆时，应使用散装水泥；搅拌机棚应有封闭降噪和防尘措施。

20. B。本题考核的是土方机械的选择。如操作面狭窄，且有地下水，土体湿度大的土方，可采用液压反铲挖掘机挖土，自卸汽车运土。

## 二、多项选择题

21. C、D、E；    22. A、B、C、E；    23. A、B、D、E；
24. B、C、E；    25. C、D、E；    26. B、D、E；
27. B、C、D；    28. B、C、D、E；    29. A、D；
30. C、D、E。

【解析】

21. C、D、E。本题考核的是结构体系。框架结构是利用梁、柱组成的纵、横两个方向的框架形成的结构体系，常用于公共建筑、工业厂房等。其主要优点是建筑平面布置灵活，可形成较大的建筑空间，建筑立面处理也比较方便；主要缺点是侧向刚度较小，当层数较多时，会产生过大的侧移，易引起非结构性构件（如隔墙、装饰等）破坏进而影响使用。

22. A、B、C、E。本题考核的是钢结构构造。矩形钢管混凝土柱与钢梁连接节点可采用隔板贯通节点、内隔板节点、外环板节点和外肋环板节点。圆形钢管混凝土柱与钢梁连接节点可采用外加强环节点、内加强环节点、钢梁穿心式节点、牛腿式节点和承重销式节点。

23. A、B、D、E。本题考核的是人造饰面石材。人造饰面石材分为水泥型人造石材、聚酯型人造石材、复合型人造石材、烧结型人造石材和微晶玻璃人造石材，一般具有重量轻、强度大、厚度薄、色泽鲜艳、花色繁多、装饰性好、耐腐蚀、耐污染、便于施工、价格较低的特点。

24. B、C、E。本题考核的是天然地基验槽的内容。天然地基验槽的内容包括：
（1）根据勘察、设计文件核对基坑的位置、平面尺寸、坑底标高；
（2）根据勘察报告核对坑底、坑边岩土体及地下水情况；
（3）检查空穴、古井、古墓、暗沟、地下埋设物及防空掩体等情况，并应查明其位置、深度和性状；
（4）检查基坑底土质的扰动情况及扰动的范围和程度；
（5）检查基坑底土质受到冰冻、干裂、受水冲刷或浸泡等扰动情况，并查明影响范围和深度。

25. C、D、E。本题考核的是钢—混凝土组合结构施工。钢-混凝土组合结构验收应同时覆盖钢构件、钢筋和混凝土等各部分，针对隐蔽工序应采用分段验收的方式。隐蔽工序验收应符合下列规定：
（1）钢筋、模板安装前，应检验钢构件施工质量。
（2）混凝土浇筑前，应检验连接件、栓钉和钢筋的施工质量。
（3）混凝土浇筑后，应检验组合构件的施工质量。

26. B、D、E。本题考核的是屋面保温层施工要求。进场的保温材料应检验下列项目：板状保温材料检查表观密度或干密度、压缩强度或抗压强度、导热系数、燃烧性能；纤维保温材料应检验表观密度、导热系数、燃烧性能。

27. B、C、D。本题考核的是混凝土结构施工及验收。混凝土运输、输送、浇筑过程中严禁加水。混凝土运输、输送、浇筑过程中散落的混凝土严禁直接用于结构浇筑。

28. B、D、E。本题考核的是分包合同管理。承包单位承包工程后违反法律法规规定，把单位工程或分部分项工程分包给其他单位或个人施工的行为，存在下列情形之一的，属于违法分包：
（1）承包单位将其承包的工程分包给个人的。
（2）施工总承包单位或专业承包单位将工程分包给不具备相应资质单位的。
（3）施工总承包单位将施工总承包合同范围内工程主体结构的施工分包给其他单位的，钢结构工程除外。
（4）专业分包单位将其承包的专业工程中非劳务作业部分再分包的。

29. A、D。本题考核的是费用优化。费用优化也称成本优化，其目的是在一定的限定条件下，寻求工程总成本最低时的工期安排，或满足工期要求前提下寻求最低成本的施工组织过程。

30. C、D、E。本题考核的是钢管脚手架的搭设。单排脚手架的横向水平杆不应设置在下列部位：
（1）设计上不许留脚手眼的部位；

(2) 过梁上与过梁两端成60°的三角形范围内及过梁净跨度1/2的高度范围内；

(3) 宽度小于1m的窗间墙；120mm厚墙、料石墙、清水墙和独立柱；

(4) 梁或梁垫下及其左右500mm范围内；

(5) 砖砌体门窗洞口两侧200mm（石砌体为300mm）和转角处450mm（石砌体为600mm）范围内；

(6) 独立或附墙砖柱，空斗砖墙、加气块墙等轻质墙体；

(7) 砌筑砂浆强度等级小于或等于M2.5的砖墙。

### 三、实务操作和案例分析题

(一)

1. 本工程属于单位工程，所以施工组织设计为单位工程施工组织设计，其中应包含工程概况、施工部署、施工进度计划、施工准备与资源配置计划、主要施工方案、施工现场平面布置等几个方面。

2. 单位工程施工组织设计应由施工单位技术负责人或技术负责人授权的技术人员审批。

3. (1) 工序E：拖后1个月；工序F：拖后2个月；工序D：拖后1个月。

(2) 后续工作仍按原计划的速度进行，本工程的实际完工工期是13个月。

4. (1) 工序E工期索赔成立，索赔1个月；

理由：建设单位供应材料原因所导致，责任由建设单位承担，且工序E是关键工作，影响工期1个月。

(2) 工序F工期索赔成立；

理由：因为工序F拖后2个月，影响总工期1个月，所以索赔1个月工期成立。

(3) 工序D工期索赔不成立；

理由：因为工人返乡农忙导致工序D拖后，是施工单位的责任，所以索赔不成立。

(二)

1. 周边环境监测的内容包括：坑外地形变形监测；邻近住宅楼沉降监测，邻近住宅楼倾斜（垂直度/位移/开裂）监测；地下热力管线沉降监测，管线位移（开裂）监测。

2. 不妥之一：基坑支护专项方案由专业分包单位上报监理单位审查；

正确做法：实施施工总承包的项目，专项施工方案由总承包单位上报监理单位审查。

不妥之二：监理单位对专业分包单位直接上报的专项施工方案进行审查；

正确做法：监理单位对专业分包单位直接上报的专项施工方案不予接收。

不妥之三：专业分包单位组织召开专家论证会；

正确做法：应由施工总承包单位组织召开专家论证会。

不妥之四：3名专家进行方案论证；

正确做法：根据相关规定，专家组成员应当由5名及以上符合相关专业要求的专家组成。

3. 保证项目还有：安全装置（设施）、附墙架（杆件/装置）、钢丝绳、滑轮、对重。

4. (1) 施工单位的理由成立；

理由：根据相关规定，如果样板间检测结果合格，在工程竣工验收时抽检数量减半，但不得少于 3 间。
（2）抽检房间要求：包含同类型房间和原不合格房间；
抽检数量：增加 1 倍（加倍/14 间）。

（三）

1. 桩基工程专项施工方案不妥内容的正确做法：
（1）钢筋笼起吊吊点设在加强（固）箍筋部位。
（2）泥浆循环清孔后，护壁泥浆相对密度控制在 1.15～1.25。
（3）水下灌注桩桩顶标高比设计标高高出 800～1000mm。
2. 钢筋分项工程中，受力钢筋接头的隐蔽工程检查验收内容还有：接头质量、接头面积百分率、搭接长度、锚固方式和锚固长度。
钢筋分项工程中，箍筋的隐蔽工程检查验收内容还有：间距、箍筋弯钩的弯折角度和平直段长度。
3. 装配式混凝土结构施工不妥内容的正确做法：
（1）预制构件在吊装过程中吊具与构件水平夹角不宜小于（宜大于）60°。
（2）应会同设计单位共同制定专项处理方案。
（3）当浆料从上口流出时及时封堵。
4. 设计单位参加验收的分部工程有：地基与基础、主体（结构）、建筑节能。
节能分部工程质量验收合格规定还有：外墙节能构造（外墙传热系数）现场实体检验结果应符合要求、外窗气密性现场实体检测结果应符合设计要求、建筑设备工程系统节能性能检测结果应合格。

（四）

1. 本工程专项应急救援预案中包括的主要内容：应制定防触电、防坍塌、防高处坠落、防起重及机械伤害、防火灾、防物体打击等主要内容的专项应急救援预案，并对施工现场易发生重大安全事故的部位、环节进行监控。
2. "四节一环保"的内容是"节能、节材、节水、节地和环境保护"。
3. （1）施工单位应在取样及送检前通知见证人员。
（2）见证人员应核查见证检测的检测项目、数量和比例是否满足有关规定。
（3）该批钢筋还需验证复验合格才能使用。
4. 填充墙砌体施工方案中的错误之处逐项改正如下：
（1）砌块使用时，产品龄期不小于 28d。
（2）砌筑砂浆应采用机械搅拌。
（3）应在砌筑当天对砌块砌筑面浇水湿润。
（4）砌体底部用混凝土浇筑 150mm 高坎台。
（5）砌筑填充墙时应错缝搭砌。
（6）当填充墙与承重墙、柱、梁的连接钢筋采用化学植筋时，应进行实体检测（拉拔试验）。
5. 不妥之处一：穿楼板止水套管周围二次浇筑混凝土抗渗等级与原混凝土相同；
正确做法：二次埋置的套管，其周围混凝土抗渗等级应比原混凝土提高一级（0.2MPa）。

不妥之处二：饰面板与结合层分段先后铺设；

正确做法：分段同时铺设。

不妥之处三：一并进行蓄水、淋水试验；

正确做法：防水层后应做一次蓄水试验，饰面板后做第二次蓄水试验。

6. （1）检验批按工程量、楼层、施工段、变形缝进行划分。

（2）不妥之处：按照一个检验批不超过300m³砌体；

正确做法：不超过250m³砌体为一个检验批。

（五）

1. 应事先审查专业分包单位的资质（营业执照、资质证书、安全生产许可证）、相关人员安全生产资格审查、特殊工种岗位证书、签订安全生产协议书。

2. 除搭设高度超过8m及以上外，以下几项属于超过一定规模危险性较大分部分项工程范围：

（1）搭设跨度18m及以上；（2）施工总荷载设计值15kN/m² 及以上；（3）集中线荷载设计值20kN/m及以上。

3. 专家论证会组织形式的错误之处及理由：

（1）错误之处：建设单位组织召开了超过一定规模危险性较大的模板工程专项施工方案专家论证会。

理由：超过一定规模的危险性较大的分部分项工程专项方案，应当由施工单位组织召开专家论证会。

（2）错误之处：设计单位项目技术负责人以专家身份参会。

理由：与本工程有利害关系的人员不得以专家身份参加专家论证会。

专家论证的主要内容：

（1）专项方案内容是否完整、可行；

（2）专项方案计算书和验算依据、施工图是否符合有关标准规范；

（3）专项施工方案是否满足现场实际情况，并能够确保施工安全。

4. 预应力混凝土梁底模板拆除工作的不妥之处和相应理由分别如下：

不妥1：未办理拆模申请；

理由：必须办理拆模申请手续。

不妥2：根据经验判断混凝土强度；

理由：应根据同条件养护试块强度是否达到规定强度判定。

不妥3：生产经理批准拆模；

理由：由技术负责人批准。

不妥4：后张预应力混凝土梁先拆除底模后进行张拉；

理由：后张预应力混凝土底模必须在预应力张拉完毕后才能拆除。

5. （1）安全事故分为四个等级；

（2）本工程安全事故为一般事故；

（3）交叉作业时应设置安全隔离层（安全防护网）进行防护。

# 《建筑工程管理与实务》
# 考前冲刺试卷（三）及解析

学习遇到问题？
扫码在线答疑

## 《建筑工程管理与实务》考前冲刺试卷（三）

一、单项选择题（共20题，每题1分。每题的备选项中，只有1个最符合题意）

1. 地震时使用功能不能中断或需尽快恢复的生命线相关建筑与市政工程，以及地震时可能导致大量人员伤亡等重大灾害后果，需要提高设防标准的建筑与市政工程的抗震设防类别为（　　）。
   A. 甲类　　　　　　　　　　B. 乙类
   C. 丙类　　　　　　　　　　D. 丁类

2. 混凝土的老化、腐蚀或钢筋的锈蚀等不会影响结构的使用寿命，体现了建筑结构应具备（　　）的功能。
   A. 安全性　　　　　　　　　B. 适用性
   C. 耐久性　　　　　　　　　D. 稳定性

3. 砌体结构的填充墙的墙体墙厚不应小于（　　）mm。
   A. 60　　　　　　　　　　　B. 90
   C. 100　　　　　　　　　　 D. 120

4. 施工单位承接了北方严寒地区一幢钢筋混凝土建筑工程的施工任务。该工程基础埋深-4.5m，当地枯水期地下水位-5.5m，丰水期地下水位-3.5m。当地11月、12月的日最高气温只有-3℃，施工时，不宜使用的外加剂是（　　）。
   A. 引气剂　　　　　　　　　B. 缓凝剂
   C. 早强剂　　　　　　　　　D. 减水剂

5. 广泛用于外墙、屋面、吊顶及夹芯保温板材的面板等的建筑金属材料是（　　）。
   A. 彩色涂层钢板　　　　　　B. 普通热轧型钢
   C. 彩色压型钢板　　　　　　D. 冷弯型钢

6. 适合于较大孔洞的防火封堵或电缆桥架防火分隔，使用时通过垒砌、填塞等方法封堵孔洞的是（　　）。
   A. 无机防火堵料　　　　　　B. 防火包
   C. 有机防火堵料　　　　　　D. 防火涂料

1

7. 适用于不便量距或测设点远离控制点的地方，在一般小型建筑物或管线的定位也可采用的方法是（    ）。

   A. 方向线交会法              B. 角度前方交会法

   C. 直角坐标法                D. 距离交会法

8. 具有设备较简单，排水深度大，比多级轻型井点降水设备少、土方开挖量少，施工快，费用低等优点的是（    ）。

   A. 电渗井点                  B. 真空降水管井

   C. 轻型井点                  D. 喷射井点

9. 钢筋混凝土预制桩采用锤击沉桩法施工时，其施工工序包括：①打桩机就位；②确定桩位和沉桩顺序；③吊桩喂桩；④校正；⑤锤击沉桩。正确的施工程序为（    ）。

   A. ①②③④⑤                B. ②①③④⑤

   C. ①②③⑤④                D. ②①③⑤④

10. 安全等级为Ⅱ级的脚手架是（    ）。

    A. 搭设高度为53m的落地作业脚手架

    B. 搭设高度为22m的悬挑脚手架

    C. 搭设高度为15m的满堂支撑脚手架

    D. 搭设高度为10m的支撑脚手架

11. 关于水泥砂浆防水层施工的说法，错误的是（    ）。

    A. 水泥砂浆应使用硅酸盐水泥、普通硅酸盐水泥或特种水泥

    B. 砂宜采用中砂，含泥量不应大于2%

    C. 聚合物水泥防水砂浆防水层的厚度不应小于6mm

    D. 掺外加剂、防水剂的砂浆防水层的厚度不应小于18mm

12. 关于裱贴壁纸原则的说法，错误的是（    ）。

    A. 先大面后细部

    B. 先垂直面后水平面

    C. 贴垂直面时先上后下

    D. 贴水平面时先高后低

13. 通过云计算技术与电子商务模式的结合，搭建基于云服务的电子商务采购平台。平台功能不包括（    ）。

    A. 采购计划管理

    B. 订单送货管理

    C. 标准查阅

    D. 互联网采购寻源

14. 现喷硬泡聚氨酯防水材料施工环境的最高气温是（    ）。

    A. 25℃                      B. 30℃

    C. 35℃                      D. 40℃

15. 根据《建设工程质量检测管理办法》（住房和城乡建设部令第 57 号），建设单位委托检测机构开展建设工程质量检测活动的，（　　）应当制作见证记录，记录取样、制样、标识、封志、送检以及现场检测等情况，并签字确认。

   A. 项目经理　　　　　　　　　B. 监理人员
   C. 项目技术负责人　　　　　　D. 见证人员

16. 适用于高饱和度的粉土与软塑~流塑的黏性土等地基上对变形控制要求不严的工程的处理方法是（　　）。

   A. 换填垫层法　　　　　　　　B. 强夯法
   C. 强夯置换法　　　　　　　　D. 砂石桩法

17. 热轧带肋钢筋网片焊接施工过程质量检测试验的主要参数是（　　）。

   A. 抗拉强度　　　　　　　　　B. 抗剪力
   C. 抗压强度　　　　　　　　　D. 弯曲

18. 某地下工程，5 月计划工程量为 2500 m³，预算成本单价为 25 元/m³；到 5 月底时已完成工程量为 3000 m³，实际成本单价为 28 元/m³。若运用赢得值法分析，正确的是（　　）。

   A. 已完成工作实际成本为 75000 元
   B. 已完成工作预算成本为 62500 元
   C. 进度偏差为 -9000 元，表明项目运行超出预算投资
   D. 成本绩效指标<1，表明实际成本高于预算成本

19. 某拆除工程施工中发生倒塌事故，造成 70 人重伤、6 人死亡。根据《生产安全事故报告和调查处理条例》，该事故属于（　　）。

   A. 一般事故　　　　　　　　　B. 较大事故
   C. 重大事故　　　　　　　　　D. 特别重大事故

20. 作业分包单位的劳务员在进场施工前，应按实名制管理要求，可以不将进场施工人员的（　　）复印件及时报送总承包商备案。

   A. 用工书面协议　　　　　　　B. 花名册
   C. 岗位技能证书　　　　　　　D. 分包合同

二、多项选择题（共 10 题，每题 2 分。每题的备选项中，有 2 个或 2 个以上符合题意，至少有 1 个错项。错选，本题不得分；少选，所选的每个选项得 0.5 分）

21. 有保温要求的门窗、玻璃幕墙、采光顶采用的玻璃系统应为（　　）等保温性能良好的玻璃。

   A. 充惰性气体 Low-E 中空玻璃
   B. 钢化玻璃
   C. Low-E 中空玻璃
   D. 安全玻璃
   E. 中空玻璃

22. 高层装配整体式结构宜采用现浇混凝土的有（   ）。

   A. 框架结构中间层

   B. 剪力墙结构底部加强部位的剪力墙

   C. 地下室

   D. 框架结构顶层

   E. 框架结构首层柱

23. 对影响保温材料导热系数因素的说法，正确的有（   ）。

   A. 气体的导热系数比液体的大

   B. 表观密度小的材料，导热系数大

   C. 孔隙率相同时，孔隙尺寸越大，导热系数越大

   D. 材料吸湿受潮后，导热系数就会增大

   E. 导热系数随温度的升高而减小

24. 关于混凝土条形基础施工的说法，正确的有（   ）。

   A. 宜分段分层连续浇筑

   B. 一般不留施工缝

   C. 各段层间应相互衔接

   D. 每段浇筑长度应控制在 4~5m

   E. 不宜逐段逐层呈阶梯形向前推进

25. 关于高强螺栓安装的说法，正确的有（   ）。

   A. 应能自由穿入螺栓孔

   B. 用铁锤敲击穿入

   C. 用锉刀修整螺栓孔

   D. 用气割扩孔

   E. 扩孔的孔径不超过螺栓直径的 1.2 倍

26. 关于石材饰面施工地面工程的说法，正确的有（   ）。

   A. 铺设结合层砂浆前应在基底上刷一道素水泥浆或界面剂

   B. 浅色石材铺设时应选用白水泥作为水泥膏使用

   C. 石材铺贴完应进行养护，养护时间不得小于 7d

   D. 养护期间石材表面应铺设塑料薄膜

   E. 在四周墙、柱上弹出面层的标高控制线

27. 根据《屋面工程质量验收规范》GB 50207—2012，细石混凝土保护层与涂膜防水层之间，应设置隔离层，隔离层可采用（   ）。

   A. 干铺卷材

   B. 干铺塑料膜

   C. 铺抹高强度等级砂浆

   D. 干铺土工布

E. 铺抹低强度等级砂浆

28. 关于劳务分包合同中劳务分包商合同义务的说法，正确的有（    ）。
A. 接受承包商及工程相关方的管理、监督和检查
B. 按期提交施工计划和相应的劳动力安排计划
C. 组织具有相应资格证书的熟练工人投入工作
D. 不得擅自与发包人及有关部门建立工作联系
E. 提供施工生产、生活临时设施

29. 属于施工进度事中控制内容的有（    ）。
A. 检查工程进度
B. 调整资源供应计划
C. 制定总工期突破后的补救措施
D. 调整施工进度计划
E. 制定保证总工期不突破的对策措施

30. 下列施工现场动火作业中，属于一级动火作业等级的有（    ）。
A. 储存过易燃液体的容器    B. 各种受压设备
C. 小型油箱                D. 比较密封的室内
E. 堆有大量可燃物的场所

## 三、实务操作和案例分析题（共5题，（一）、（二）、（三）题各20分，（四）、（五）题各30分）

（一）

**【背景资料】**

某房屋建筑工程，建筑面积28400m²，地下2层，地上8层，钢筋混凝土框架结构。根据《建设工程施工合同（示范文本）》GF—2017—0201 和《建设工程监理合同（示范文本）》GF—2012—0202，建设单位分别与中标的施工总承包单位和监理单位签订了施工总承包合同和监理合同。

在合同履行过程中，发生了下列事件：

事件1：经项目监理机构审核和建设单位同意，施工总承包单位将深基坑工程分包给了具有相应资质的某分包单位。深基坑工程开工前，分包单位项目技术负责人组织编制了深基坑工程专项施工方案，经该单位技术部门组织审核，技术负责人签字确认后，报项目监理机构审批。

事件2：室内卫生间楼板二次埋置套管施工过程中，施工总承包单位采用与楼板同抗渗等级的防水混凝土埋置套管，聚氨酯防水涂料施工完毕后，从下午5:00开始进行蓄水检验，次日上午8:30，施工总承包单位要求项目监理机构进行验收，监理工程师对施工总承包单位的做法提出异议，不予验收。

事件3：在监理工程师要求的时间内，施工总承包单位提交了室内装饰装修工程的进度

计划双代号时标网络图（图1），经监理工程师确认后按此组织施工。

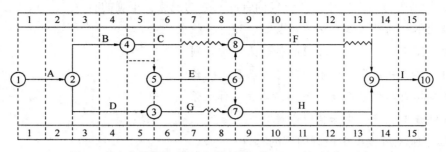

图1 室内装饰装修工程进度计划网络图（时间单位：周）

事件4：在室内装饰装修工程施工过程中，因建设单位设计变更导致工作C的实际施工时间为35d，施工总承包单位以设计变更影响进度为由，向项目监理机构提出工期索赔21d的要求。

【问题】

1. 分别指出事件1中专项施工方案编制、审批程序的不妥之处，并写出正确做法。
2. 分别指出事件2中的不妥之处，并写出正确做法。
3. 针对事件3的进度计划网络图，写出其计算工期、关键线路（用工作表示）。分别计算工作C与工作F的总时差和自由时差（单位：周）。
4. 事件4中，施工总承包单位提出的工期索赔天数是否成立？说明理由。

## （二）

**【背景资料】**

某新建住宅楼，框剪结构，地下2层，地上18层，建筑面积2.5万 $m^2$。甲公司总承包施工。

新冠疫情后，项目部按照住房和城乡建设部《房屋市政工程复工复产指南》（建办质〔2020〕8号）和当地政府要求组织复工。成立以项目经理为组长的疫情防控领导小组并制定《项目疫情防控措施》，明确"施工现场实行封闭式管理，设置包括废弃口罩类等分类收集装置，安排专人负责卫生保洁工作……"，确保疫情防控工作有效、合规。

复工前，项目部盘点工作内容，结合该住宅楼3个单元相同的特点，依据原有施工进度计划，按照分析检查结果、确定调整对象等调整步骤，调整施工进度。同时，针对某分部工程制定流水节拍（表1），就施工过程Ⅰ～Ⅳ组织4个施工班组流水施工，其中施工过程Ⅲ因工艺要求需待施工过程Ⅱ完成后2d方可进行。

**表1　某分部工程流水节拍表**

| 施工过程编号 | 施工过程 | 流水节拍(d) |
|---|---|---|
| ① | Ⅰ | 2 |
| ② | Ⅱ | 6 |
| ③ | Ⅲ | 4 |
| ④ | Ⅳ | 2 |

项目部质量月活动中，组织了直螺纹套筒连接、现浇构件拆模管理等知识竞赛活动，以提高管理人员、操作工人的质量意识和业务技能，减少质量通病的发生。

（1）钢筋直螺纹加工、连接常用检查和使用工具的作用（图2）。

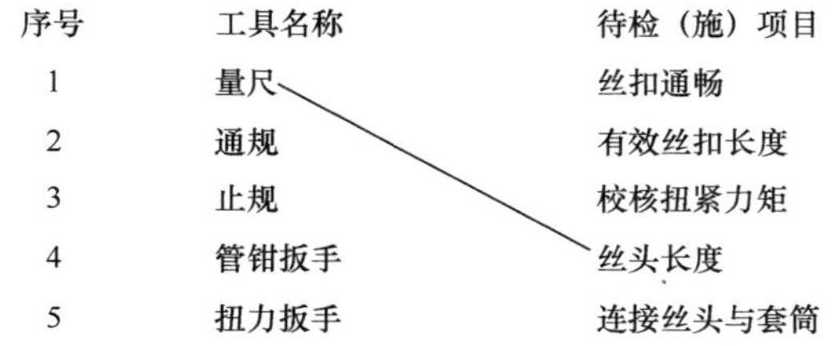

| 序号 | 工具名称 | 待检(施)项目 |
|---|---|---|
| 1 | 量尺 | 丝扣通畅 |
| 2 | 通规 | 有效丝扣长度 |
| 3 | 止规 | 校核扭紧力矩 |
| 4 | 管钳扳手 | 丝头长度 |
| 5 | 扭力扳手 | 连接丝头与套筒 |

图2　钢筋直螺纹加工、连接常用检查和使用工具的作用连线图（部分）

（2）现浇混凝土构件底模拆除强度要求见表2。

**表2　现浇混凝土构件底模拆除时的混凝土强度要求**

| 序号 | 构件类型 | 构件跨度(m) | 达到设计的混凝土立方体抗压强度标准值的百分率(%) |
|---|---|---|---|
| 1 | 板 | ≤2 | ≥A |
| 2 | | >2,≤8 | ≥B |
| 3 | | >8 | ≥C |

续表

| 序号 | 构件类型 | 构件跨度(m) | 达到设计的混凝土立方体抗压强度标准值的百分率(%) |
|---|---|---|---|
| 4 | 梁 | ≤8 | ≥D |
| 5 | | >8 | ≥E |
| 6 | 悬臂构件 | | ≥F |

【问题】

1. 除废弃口罩类外，现场设置的收集装置还有哪些分类？
2. 画出该分部工程施工进度横道图，总工期是多少天？调整施工进度还包括哪些步骤？
3. 对图2中钢筋直螺纹加工、连接常用工具及待检（施）项目对应关系进行正确连线。（在答题卡上重新绘制）
4. 写出表2中A、B、C、D、E、F对应的数值。（如F：100）

## （三）

**【背景资料】**

沿海地区某群体住宅工程，包含整体地下室、8栋住宅楼、1栋物业配套楼以及小区公共区域园林绿化等，业态丰富、体量较大，工期暂定3.5年。招标文件约定：采用工程量清单计价模式，要求投标单位充分考虑风险，特别是通用措施费用项目均应以有竞争力的报价投标，最终按固定总价签订施工合同。

招标过程中，投标单位针对招标文件不妥之处向建设单位申请答疑，建设单位修订招标文件后履行完招标流程，最终确定施工单位A中标，并参照《建设工程施工合同（示范文本）》GF—2017—0201与A单位签订施工承包合同。

施工合同中允许总承包单位自行合法分包，A单位将物业配套楼整体分包给B单位，公共区域园林绿化分包给C单位（该单位未在施工现场设立项目管理机构，委托劳务队伍进行施工），自行施工的8栋住宅楼的主体结构工程劳务（含钢筋、混凝土主材与模架等周转材料）分包给D单位，上述单位均具备相应施工资质。地方建设行政主管部门在例行检查时提出不符合《建筑工程施工转包违法分包等违法行为认定查处管理办法》（建市〔2014〕118号）相关规定要求整改。

在施工过程中，当地遭遇罕见强台风，导致项目发生如下情况：①整体中断施工24天；②施工人员大量窝工，发生窝工费用88.4万元；③工程清理及修复发生费用30.7万元；④为提高后续抗台风能力，部分设计进行变更，经估算涉及费用22.5万元，该变更不影响总工期。A单位针对上述情况均按合规程序向建设单位提出索赔，建设单位认为上述事项全部由罕见强台风导致，非建设单位过错，应属于总价合同模式下施工单位应承担的风险，均不予同意。

**【问题】**

1. 指出本工程招标文件中不妥之处，并写出相应正确做法。
2. 根据工程量清单计价原则，通用措施费用项目有哪些？（至少列出6项）
3. 根据《建筑工程施工转包违法分包等违法行为认定查处管理办法》（建市〔2014〕118号），上述分包行为中哪些属于违法行为？并说明相应理由。
4. 针对A单位提出的四项索赔，分别判断是否成立。

(四)

**【背景资料】**

某施工单位承建城中村改造工程,建筑面积65000m²,钢筋混凝土结构。工程计价采用工程量清单计价模式,与建设单位按照《建设工程施工合同(示范文本)》GF—2017—0201签订了施工总承包合同。双方约定工程预付款为10%,除钢材、水泥、铜材按实调整外,其他一律不予调整。

施工单位签约合同价的有关费用如下:分部分项工程费22000.00万元,暂列金额4000.00万元,总包管理费1000.00万元;措施费以建筑面积为基数,按照200.00元/m²计取,规费费率为2%,增值税税率为9%。经分析测算包括人工费在内的工程直接成本为19900.00万元。

施工单位按照合同约定进场后,及时开展了各项施工准备工作。按照合同约定工程预付款付款之日,向建设单位提交工程预付款付款申请。工程预付款约定支付期满后7天内建设单位仍未支付,施工单位向建设单位发出停工通知书,并采取了停工措施;在停工后的第7天向建设单位提交了索赔申请报告。

施工过程中,因砌块市场供应紧张,不能满足工程进度需要,施工单位向监理单位提交了采用ALC隔墙板替代砌块的合理化建议说明书,监理单位核实确认后上报建设单位。

**【问题】**

1. 本工程签订的合同属于哪种类型?该类合同适用的工程情形有哪些?
2. 列式计算本工程的中标造价是多少万元?(保留小数点后两位)
3. 构成工程直接成本的费用有哪些?
4. 施工单位采取停工的做法是否正确?施工单位能够获得的索赔事项有哪些?
5. 施工单位提交的合理化建议说明书应包括的主要内容有哪些?

（五）

**【背景资料】**

某开发商投资兴建办公楼工程，建筑面积9600m²，地下1层，地上8层，现浇钢筋混凝土框架结构。经公开招投标，某施工单位中标。中标清单部分费用分别是：分部分项工程费3793万元，措施项目费547万元，脚手架费为336万元，暂列金额100万元，其他项目费200万元，规费及税金264万元。双方签订了工程施工承包合同。

中标后，施工单位根据招标文件、施工合同以及本单位的要求，确定了工程的管理目标、施工顺序、施工方法和主要资源配置计划。施工单位项目负责人主持，项目经理部全体管理人员参加，编制了单位工程施工组织设计，由项目技术负责人审核，项目负责人审批。施工单位向监理单位报送该单位工程施工组织设计，监理单位认为该单位工程施工组织设计中只明确了质量、安全、进度三项管理目标，管理目标不全面，要求补充。

施工单位为了保证项目履约，进场施工后立即着手编制项目管理规划大纲，实施项目管理实施规划。制定了项目部内部薪酬计酬办法，并与项目部签订项目目标管理责任书。

项目部为了完成项目目标责任书的目标成本，采用技术与商务相结合的办法，分别制定了A、B、C三种施工方案；A施工方案成本为4400万元，功能系数为0.34；B施工方案成本为4300万元，功能系数为0.32；C施工方案成本为4200万元，功能系数为0.34。项目部通过开展价值工程工作，确定最终施工方案。并进一步对施工组织设计等进行优化，制定了项目部责任成本，摘录数据见表3。

表3 摘录数据

| 相关费用 | 金额(万元) |
| --- | --- |
| 人工费 | 477 |
| 材料费 | 2585 |
| 机械费 | 278 |
| 措施费 | 220 |
| 企业管理费 | 280 |
| 利润 | …… |
| 规费 | 80 |
| 税金 | …… |

施工单位为了落实用工管理，对项目部劳务人员实名制管理进行检查。发现项目部在施工现场配备了专职劳务管理人员，登记了劳务人员基本身份信息，存有考勤、工资结算及支付记录。施工单位认为项目部劳务实名制管理工作仍不完善，责令项目部进行整改。

**【问题】**

1. 指出施工单位在单位工程施工组织设计编制与审批管理中的不妥之处，写出正确做法。

2. 根据监理单位的要求，还应补充哪些管理目标？（至少写 4 项）
3. 施工单位签约合同价是多少万元？建筑工程造价有哪些特点？
4. 列式计算项目部三种施工方案的成本系数、价值系数（保留小数点后 3 位），并确定最终采用哪种方案。
5. 计算本项目的直接成本、间接成本各是多少万元？在成本核算工作中要做到哪"三同步"？
6. 项目部在劳务人员实名制管理工作中还应该完善哪些工作？

# 考前冲刺试卷（三）参考答案及解析

## 一、单项选择题

| | | | | |
|---|---|---|---|---|
| 1. B； | 2. C； | 3. B； | 4. B； | 5. C； |
| 6. B； | 7. B； | 8. D； | 9. B； | 10. C； |
| 11. B； | 12. A； | 13. C； | 14. B； | 15. D； |
| 16. C； | 17. B； | 18. D； | 19. C； | 20. D。 |

【解析】

1. B。本题考核的是建筑抗震设防分类。乙类抗震设防：重点设防类，指地震时使用功能不能中断或需尽快恢复的生命线相关建筑与市政工程，以及地震时可能导致大量人员伤亡等重大灾害后果，需要提高设防标准的建筑与市政工程。

2. C。本题考核的是结构的功能要求。在正常维护的条件下，结构应能在预计的使用年限内满足各项功能要求，也即应具有足够的耐久性。例如，不致因混凝土的老化、腐蚀或钢筋的锈蚀等影响结构的使用寿命。

3. B。本题考核的是砌体结构构造。砌体结构的填充墙墙体墙厚不应小于90mm。

4. B。本题考核的是缓凝剂的适用范围。缓凝剂主要用于高温季节混凝土、大体积混凝土、泵送与滑模方法施工以及远距离运输的商品混凝土等，不宜用于日最低气温5℃以下施工的混凝土，也不宜用于有早强要求的混凝土和蒸汽养护的混凝土。

5. C。本题考核的是装饰装修用钢材。彩色压型钢板广泛用于外墙、屋面、吊顶及夹芯保温板材的面板等。

6. B。本题考核的是防火包。防火包又称耐火包或阻火包，使用时通过垒砌、填塞等方法封堵孔洞。适合于较大孔洞的防火封堵或电缆桥架防火分隔。

7. B。本题考核的是施工测量的方法。角度前方交会法适用于不便量距或测设点远离控制点的地方。对于一般小型建筑物或管线的定位，亦可采用此法。

8. D。本题考核的是降水施工技术。喷射井点降水设备较简单，排水深度大，比多级轻型井点降水设备少、土方开挖量少，施工快，费用低。

9. B。本题考核的是锤击沉桩法施工工序。锤击沉桩法的施工程序：确定桩位和沉桩顺序→桩机就位→吊桩喂桩→校正→锤击沉桩→接桩→再锤击沉桩→送桩→收锤→切割桩头。

10. C。本题考核的是常用施工脚手架分类。脚手架的安全等级见表4。

表 4 脚手架的安全等级

| 落地作业脚手架 | | 悬挑脚手架 | | 满堂支撑脚手架（作业） | | 支撑脚手架 | | 安全等级 |
|---|---|---|---|---|---|---|---|---|
| 搭设高度（m） | 荷载标准值（kN） | 搭设高度（m） | 荷载标准值（kN） | 搭设高度（m） | 荷载标准值（kN） | 搭设高度（m） | 荷载标准值 | |
| ≤40 | — | ≤20 | — | ≤16 | — | ≤8 | ≤15kN/m² 或 ≤20kN/m 或 ≤7kN/点 | Ⅱ |
| >40 | — | >20 | — | >16 | — | >8 | >15kN/m² 或 >20kN/m 或 >7kN/点 | Ⅰ |

注：1. 支撑脚手架的搭设高度、荷载中任一项不满足安全等级为Ⅱ级的条件时，其安全等级应划为Ⅰ级；
2. 附着式升降脚手架安全等级均为Ⅰ级；
3. 竹、木脚手架搭设高度在其现行行业规范限值内，安全等级均为Ⅱ级。

11．B。本题考核的是水泥砂浆防水层施工要求。水泥砂浆应使用硅酸盐水泥、普通硅酸盐水泥或特种水泥。砂宜采用中砂，含泥量不应大于1%。

12．A。本题考核的是裱糊工程。裱贴壁纸时，首先要垂直，对花纹拼缝，最后再用刮板用力抹压平整，应按壁纸背面箭头方向进行裱贴，原则是先垂直面后水平面，先细部后大面。贴垂直面时先上后下，贴水平面时先高后低。

13．C。本题考核的是智慧工地信息技术。通过云计算技术与电子商务模式的结合，搭建基于云服务的电子商务采购平台。平台功能主要包括：采购计划管理、互联网采购寻源、材料电子商城、订单送货管理、供应商管理、采购数据中心等。

14．B。本题考核的是防水材料施工环境最高气温。防水材料施工环境最高气温见表5。

表 5 防水材料施工环境最高气温

| 防水材料 | 施工环境最高气温 | 防水材料 | 施工环境最高气温 |
|---|---|---|---|
| 现喷硬泡聚氨酯 | 30℃ | 油毡瓦 | 35℃ |
| 溶剂型涂料 | 35℃ | 改性石油沥青密封材料 | 35℃ |
| 水乳型涂料 | 35℃ | 水泥砂浆防水层 | 30℃ |

15．D。本题考核的是《建设工程质量检测管理办法》（住房和城乡建设部令第57号）的规定。建设单位委托检测机构开展建设工程质量检测活动的，建设单位或者监理单位应当对建设工程质量检测活动实施见证。见证人员应当制作见证记录，记录取样、制样、标识、封志、送检以及现场检测等情况，并签字确认。

16．C。本题考核的是地基处理方法。强夯法适用于处理碎石土、砂土、低饱和度的粉土与黏性土、湿陷性黄土、素填土和杂填土等地基。强夯置换法适用于高饱和度的粉土与软塑~流塑的黏性土等地基上对变形控制要求不严的工程。

17．B。本题考核的是施工过程质量检测试验。施工过程质量检测试验主要内容见

表6。

表6 施工过程质量检测试验主要内容

| 类别 | 检测试验项目 | 主要检测试验参数 | 备注 |
|---|---|---|---|
| 钢筋连接 | 机械连接现场检验 | 抗拉强度 | |
| 钢筋连接 | 钢筋焊接工艺检验、闪光对焊、气压焊 | 抗拉强度 | |
| 钢筋连接 | 钢筋焊接工艺检验、闪光对焊、气压焊 | 弯曲 | 适用于闪光对焊、气压焊接头,适用于气压焊水平连接筋 |
| 钢筋连接 | 电弧焊、电渣压力焊、预埋件钢筋T形接头 | 抗拉强度 | |
| 钢筋连接 | 网片焊接 | 抗剪力 | 热轧带肋钢筋 |
| 钢筋连接 | 网片焊接 | 抗拉强度 | 冷轧带肋钢筋 |
| 钢筋连接 | 网片焊接 | 抗剪力 | 冷轧带肋钢筋 |

18. D。本题考核的是赢得值法的运用。已完成工作实际成本＝已完成工程量×实际成本单价＝3000×28＝84000元,故选项A错误。已完成工作预算成本＝已完成工程量×预算成本单价＝3000×25＝75000元,故选项B错误。计划完成工作预算成本＝计划工程量×预算成本单价＝2500×25＝62500元,进度偏差＝已完成工作预算成本－计划完成工作预算成本＝75000－62500＝12500元,表示进度提前,实际进度快于计划进度。

19. C。本题考核的是职业健康安全事故的分类。依据《生产安全事故报告和调查处理条例》规定,按生产安全事故(以下简称事故)造成的人员伤亡或者直接经济损失,事故分为:(1)特别重大事故,是指造成30人以上死亡,或者100人以上重伤(包括急性工业中毒,下同),或者1亿元以上直接经济损失的事故。(2)重大事故,是指造成10人以上30人以下死亡,或者50人以上100人以下重伤,或者5000万元以上1亿元以下直接经济损失的事故。(3)较大事故,是指造成3人以上10人以下死亡,或者10人以上50人以下重伤,或者1000万元以上5000万元以下直接经济损失的事故。(4)一般事故,是指造成3人以下死亡,或者10人以下重伤,或者1000万元以下直接经济损失的事故。

20. D。本题考核的是劳务工人实名制管理。作业分包单位的劳务员在进场施工前,应按实名制管理要求,将进场施工人员花名册、身份证、劳动合同文本或用工书面协议、岗位技能证书复印件及时报送总承包商备案。总承包方劳务员根据劳务分包单位提供的劳务人员信息资料逐一核对,不具备以上条件的不得使用,总承包商将不允许其进入施工现场。

## 二、多项选择题

21. A、C、E；
22. B、C、E；
23. C、D；
24. A、B、C；
25. A、C、E；
26. A、B、C、E；
27. A、B、D、E；
28. A、B、C、D；
29. A、B、D；
30. A、B、D、E。

【解析】

21. A、C、E。本题考核的是建筑室内热工环境技术要求。有保温要求的门窗、玻璃幕墙、采光顶采用的玻璃系统应为中空玻璃、Low-E 中空玻璃、充惰性气体 Low-E 中空玻璃等保温性能良好的玻璃，保温要求高时还可采用三玻两腔、真空玻璃等。传热系数较低的中空玻璃宜采用"暖边"中空玻璃间隔条。

22. B、C、E。本题考核的是装配式混凝土建筑基本设计规定。高层装配整体式结构应符合下列规定：

（1）宜设置地下室，地下室宜采用现浇混凝土；

（2）剪力墙结构底部加强部位的剪力墙宜采用现浇混凝土；

（3）框架结构首层柱宜采用现浇混凝土，顶层宜采用现浇楼盖结构。

23. C、D。本题考核的是影响保温材料导热系数的因素。影响保温材料导热系数的因素：

（1）材料的性质。导热系数以金属最大，非金属次之，液体较小，气体更小。

（2）表观密度与孔隙特征。表观密度小的材料，导热系数小。孔隙率相同时，孔隙尺寸越大，导热系数越大。

（3）湿度。材料吸湿受潮后，导热系数就会增大。水的导热系数比空气的导热系数大 20 倍。冰的导热系数更大。

（4）温度。材料的导热系数随温度的升高而增大，但温度在 0~50℃ 时并不显著，只有对处于高温和负温下的材料，才要考虑温度的影响。

（5）热流方向。当热流平行于纤维方向时，保温性能减弱；而热流垂直纤维方向时，保温材料的阻热性能发挥最好。

24. A、B、C。本题的考点为混凝土条形基础施工的要求。根据基础深度宜分段分层（300~500mm）连续浇筑混凝土，一般不留施工缝。各段层间应相互衔接，每段间浇筑长度控制在 2~3m，做到逐段逐层呈阶梯形向前推进。

25. A、C、E。本题考核的是高强螺栓的安装。高强度螺栓现场安装时应能自由穿入螺栓孔，不得强行穿入。若螺栓不能自由穿入时，可采用铰刀或锉刀修整螺栓孔，不得采用气割扩孔，扩孔数量应征得设计同意，修整后或扩孔后的孔径不应超过 1.2 倍螺栓直径。

26. A、B、C、E。本题考核的是石材饰面施工。养护期间石材表面不得铺设塑料薄膜和洒水，不得进行勾缝施工。

27. A、B、D、E。本题考核的是基层与保护工程质量验收规定。《屋面工程质量验收规范》GB 50207—2012 规定，块体材料、水泥砂浆或细石混凝土保护层与卷材、涂膜防水层之间，应设置隔离层。隔离层可采用干铺塑料膜、土工布、卷材或铺抹低强度等级砂浆。

28. A、B、C、D。本题考核的是劳务分包合同。劳务分包商合同义务：

（1）对劳务分包工程质量向工程承包人负责，组织具有相应资格证书的熟练工人投入工作。

（2）未经工程承包商授权或允许，不得擅自与发包人及有关部门建立工作联系。

（3）劳务分包商按期提交施工计划和相应的劳动力安排计划。

（4）严格按照设计图纸、施工规范、技术要求及施工方案组织施工，确保工程质量。

（5）合理安排作业计划，投入足够的人力等资源，保证工期。

（6）加强安全教育，执行安全技术规范，遵守安全制度，落实安全措施，确保施工安全。

（7）严格执行施工现场的管理规定，做到文明施工。

（8）接受承包商及工程相关方的管理、监督和检查。

（9）做好施工场地周围建筑物、构筑物、地下管线和已完工程部分的成品保护。

（10）合理使用承包商提供或租赁给劳务分包商使用的机具、周转材料及其他设施。

（11）执行工程承包商的工作指令，履行合同规定的义务。

29. A、B、D。本题考核的是施工进度控制程序。进度事中控制内容：

（1）检查工程进度，一是审核计划进度与实际进度的差异；二是审核形象进度、实物工程量与工作量指标完成情况的一致性。

（2）进行工程进度的动态管理，即分析进度差异的原因，提出调整的措施和方案，相应调整施工进度计划、资源供应计划。

30. A、B、D、E。本题考核的是一级动火作业。

（1）凡属下列情况之一的动火，均为一级动火：

① 禁火区域内。

② 油罐、油箱、油槽车和储存过可燃气体、易燃液体的容器及与其连接在一起的辅助设备。

③ 各种受压设备。

④ 危险性较大的登高焊、割作业。

⑤ 比较密封的室内、容器内、地下室等场所。

⑥ 现场堆有大量可燃和易燃物质的场所。

（2）凡属下列情况之一的动火，均为二级动火：

① 在具有一定危险因素的非禁火区域内进行临时焊、割等用火作业。

② 小型油箱等容器。

③ 登高焊、割等用火作业。

（3）在非固定的、无明显危险因素的场所进行用火作业，均属三级动火作业。

### 三、实务操作和案例分析题

（一）

1. 事件1中的不妥之处及正确做法：

（1）不妥之处：分包单位项目技术负责人组织编制了深基坑工程专项施工方案。

正确做法：深基坑工程专项施工方案应当由施工总承包单位项目经理组织编制，也可由分包单位项目经理组织编制。

（2）不妥之处：深基坑工程专项施工方案经分包单位技术部门组织审核，技术负责人签字确认后，报项目监理机构审批。

正确做法：深基坑工程专项施工方案应由总承包单位技术负责人及分包单位负责人签字确定，并由施工总承包单位向监理单位提交审批。

2. 事件2中不妥之处及正确做法：

（1）不妥之处：室内卫生间楼板二次埋置套管施工过程中，施工总承包单位采用与楼板同抗渗等级的防水混凝土埋置套管。

正确做法：二次埋置的套管，施工总承包单位应采用比楼板抗渗等级高一级的防水混凝土埋置套管，并应掺膨胀剂。

（2）不妥之处：聚氨酯防水涂料施工完毕后，从下午5:00开始进行蓄水检验，次日上午8:30，施工总承包单位要求项目监理机构进行验收。

正确做法：蓄水试验应达到24h以上。

3. 计算工期为15周，关键线路：A→D→E→H→I。

工作C的总时差为3周，自由时差为2周；

工作F的总时差为1周，自由时差为1周。

4. 事件4中，施工总承包单位提出的21d的工期索赔不成立。

理由：虽因建设单位导致设计变更原因造成工期拖延21d，但工作C为非关键工作，且其总时差为3周（21d），拖延时间未超过总时差，所以不影响工期。

（二）

1. 除废弃口罩等防疫垃圾收集装置外，现场还应设置：防疫垃圾类、有毒有害类、生活垃圾和建筑垃圾收集装置。

2. （1）横道计划绘制如下（表7）：

表7 横道计划

| 施工过程 | 施工进度/天 | | | | | | | | | | | | | | |
|---|---|---|---|---|---|---|---|---|---|---|---|---|---|---|---|
| | 2 | 4 | 6 | 8 | 10 | 12 | 14 | 16 | 18 | 20 | 22 | 24 | 26 | 28 | |
| Ⅰ | ══ | ══ | ══ | | | | | | | | | | | | |
| Ⅱ | | ══ | ══ | ══ | | | | ══ | ══ | ══ | | | | | |
| Ⅲ | | | | | | | | ══ | ══ | ══ | | ══ | ══ | | |
| Ⅳ | | | | | | | | | | | | ══ | ══ | ══ | |

（2）总工期 $T = (2+10+8) + (2+2+2) + 2 = 28d$。

（3）调整施工进度计划的步骤还包括：选择适当的调整方法，编制调整方案，对调整方案进行评价和决策，调整、确定调整后付诸实施的新施工进度计划。

3. 正确连线如图 3 所示。

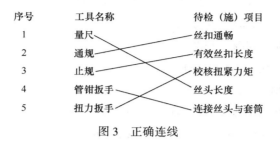

图 3　正确连线

4. A：50；B：75；C：100；D：75；E：100；F：100。

（三）

1. 本工程招标文件中不妥之处和相应正确做法分别如下：
不妥之一：通用措施费用项目均应以有竞争力的报价投标；
正确做法：通用措施费用项目中的安全文明施工费不得作为竞争性费用。
不妥之二：最终按固定总价签订施工合同；
正确做法：实行工程量清单计价的工程，应采用单价合同。

2. 根据工程量清单计价原则，通用措施费用项目通常有：安全文明施工费，夜间施工费，二次搬（转）运费，冬/雨期施工费，大型机械设备进出场/安拆费，施工排水费/施工降水费，地上、地下设施/建筑物临时保护（成品保护）设施费，已完工程/设备保护费。

3. 上述分包行为中的违法行为和相应理由分别如下：
违法行为一：A 单位将物业配套楼整体分包给 B 单位；
理由：主体结构施工不能进行分包。
违法行为二：C 单位未在施工现场设立项目管理机构；
理由：专业承包单位未在施工现场设立项目管理机构，未进行组织管理的属转包行为（或应在施工现场设立项目管理机构/不能以包代管）。
违法行为三：自行施工部分的主体结构工程劳务（含钢筋、混凝土主材与模架等周转材料）分包给 D 单位；
理由：施工总承包单位将建筑材料、构配件及工程设备的采购由其他单位或个人实施的行为属转包行为（或劳务可分包、主材不可分包）。

4. （1）24 天工期索赔：成立；
（2）88.4 万元费用索赔：不成立；
（3）30.7 万元费用索赔：成立；
（4）22.5 万元费用索赔：成立。

（四）

1. 本工程签订的合同类型属于可调总价合同。

该类合同适用的工程情形有：工程规模（面积、工程量）大、技术难度大、图纸不完整（不全）、设计变更多、施工工期（周期）长的工程项目。

2. 分部分项工程费＝22000.00万元；

措施费＝65000×200÷10000＝1300.00万元；

其他项目费＝4000+1000＝5000.00万元；

规费＝（22000+1300+5000）×2%＝566.00万元；

税金＝（22000+1300+5000+566）×9%＝2597.94万元；

中标造价＝22000+1300+5000+566+2597.94＝31463.94万元。

或：

中标造价＝分部分项工程费+措施费+其他项目费+规费+税金

＝（22000+65000×200÷10000+4000+1000）×（1+2%）×（1+9%）＝31463.94万元。

3. 构成工程直接成本的费用有：人工费、材料费、机械（具）费、措施费。

4. 施工单位采取停工的做法正确。

施工单位能够获得的索赔事项有：误工（窝工、费用）、延误工期、合理利润。

5. 施工单位提交的合理化建议说明书应包括的主要内容有：合理化建议内容、建议理由（原因）、对合同价格（成本、费用）影响、对合同工期（进度）影响。

（五）

1. 单位工程施工组织设计的编制与审批管理中的不妥之处及正确做法：

（1）不妥之处：单位工程施工组织设计由项目技术负责人审核。

正确做法：应由施工单位主管部门审核。

（2）不妥之处：单位工程施工组织设计由项目负责人审批。

正确做法：应由施工单位技术负责人或其授权的技术人员审批。

2. 还应补充的管理目标：环境保护、节能、绿色施工、造价等管理目标。

3. 施工单位签约合同价为：3793+547+200+264＝4804万元。

建筑工程造价的特点有：大额性、个别性和差异性、动态性、层次性。

4. 项目部三种施工方案的成本系数计算如下：

A的成本系数＝4400/（4400+4300+4200）＝0.341。

B的成本系数＝4300/（4400+4300+4200）＝0.333。

C的成本系数＝4200/（4400+4300+4200）＝0.326。

项目部三种施工方案的价值系数计算如下：

A的价值系数＝0.34/0.341＝0.997。

B的价值系数＝0.32/0.333＝0.961。

C的价值系数＝0.34/0.326＝1.043。

项目部最终应采用C方案。

5. 本项目的直接成本为：477+2585+278+220＝3560万元。

本项目间接成本为：280+80＝360万元。

成本核算工作中的"三同步"指的是形象进度、产值统计、成本归集三同步。

6. 项目部在劳务人员实名制管理工作中还应该登记劳务人员的教育培训状况、技能状况、从业经历、诚信信息，进行动态监管、劳务纠纷处理。